그래서 이 문제 정말 풀 수 있겠어?

So You Think You've Got Problems?:
Surprising and Rewarding Puzzles to Sharpen Your Mind
by Alex Bellos
Originally Published by Guardian Faber,
an imprint of Faber & Faber Ltd, London

수학적 사고 습관을 완성하는 하루 10분 100일 퍼즐

그래서 이 문제 정말 풀 수 있겠어?

알렉스 벨로스 지음 | **서종민** 옮김

북라이프
booklife

옮긴이 | **서종민**

뉴욕 주립 대학교에서 국제 정치학과 경제학을 전공했다. 현재 번역 에이전시 엔터스코리아에서 전문 번역가로 활동하고 있다. 주요 역서로는 《모기》, 《도시는 어떻게 삶을 바꾸는가》, 《명상에 대한 거의 모든 것》, 《프라이싱》, 《알렉산더 해밀턴》, 《우리 개가 무지개다리를 건넌다면》, 《불안해서 밤을 잊은 그대에게》 등이 있다.

그래서 이 문제 정말 풀 수 있겠어?

1판 1쇄 발행 2020년 12월 22일
1판 5쇄 발행 2024년 7월 19일

지은이 | 알렉스 벨로스
옮긴이 | 서종민
발행인 | 홍영태
발행처 | 북라이프
등 록 | 제2011-000096호(2011년 3월 24일)
주 소 | 03991 서울시 마포구 월드컵북로6길 3 이노베이스빌딩 7층
전 화 | (02)338-9449
팩 스 | (02)338-6543
대표메일 | bb@businessbooks.co.kr
홈페이지 | http://www.businessbooks.co.kr
블로그 | http://blog.naver.com/booklife1
페이스북 | thebooklife
ISBN 979-11-91013-08-5 03400

* 잘못된 책은 구입하신 서점에서 바꾸어 드립니다.
* 책값은 뒤표지에 있습니다.
* 북라이프는 (주)비즈니스북스의 임프린트입니다.
* 비즈니스북스에 대한 더 많은 정보가 필요하신 분은 홈페이지를 방문해 주시기 바랍니다.

비즈니스북스는 독자 여러분의 소중한 아이디어와 원고 투고를 기다리고 있습니다.
원고가 있으신 분은 ms2@businessbooks.co.kr로 간단한 개요와 취지, 연락처 등을 보내 주세요.

나탈리에게

프롤로그

아르키메데스는 고대의 가장 위대한 과학자였다. 그는 이론 면에서 원주율과 무한대를 비롯한 놀라운 개념들을 발견하는 한편 당대 최고 기술들을 고안했다.

또한 역사상 최악의 퍼즐 중 하나도 만들어 냈다.

정말이지 고약한 문제다.

그가 만든 '소 떼 문제'는 어렵고 억지스러우며 터무니없다. 하지만 재미를 위한 퍼즐 책을 시작하기에는 완벽하다. 그 이유는 첫째, 아르키메데스가 냈기 때문이고 둘째, 유서 깊은 수수께끼인 만큼 매혹적이기 때문이다. 마지막으로 나쁜 문제를 풀다 보면 좋은 문제가 왜 좋은지를 알 수 있어서다. 우리가 아르키메데스의 소 떼 문제를 파헤치는 이유는 이 책에 실린 나머지 퍼즐들이 이와는 다르다는 점을 보여 주기 위해서다.

소 떼 문제

태양신에게는 시칠리아 평원에서 풀을 뜯는 소 떼가 있다. 수소와 암소들은 흰색,

검은색, 노란색, 얼룩무늬까지 총 네 종류며 종류별 마릿수는 다음과 같이 표현할 수 있다.

흰 수소 = (1/2 + 1/3) 검은 수소 + 노란 수소

검은 수소 = (1/4 + 1/5) 얼룩무늬 수소 + 노란 수소

얼룩무늬 수소 = (1/6 + 1/7) 흰 수소 + 노란 수소

흰 암소 = (1/3 + 1/4) 검은 소 떼

검은 암소 = (1/4 + 1/5) 얼룩무늬 소 떼

얼룩무늬 암소 = (1/5 + 1/6) 노란 소 떼

노란 암소 = (1/6 + 1/7) 흰 소 떼

흰 수소 + 검은 수소 = 제곱수

얼룩무늬 수소 + 노란 수소 = 삼각수

소 떼는 총 몇 마리인가?

이 재미없어 보이는 분수들을 이해하기에 앞서 문제 배경부터 알아보자. 이는 아르키메데스가 세상을 떠난 지 2,000년이 지난 18세기에 독일의 한 도서관에서 발견됐다. 22개 2행의 그리스어 시편 형태로 쓰인 이 문제는 그때까지 아무도 살펴보지 않은 필사본에서 발견되었으며, 아르키메데스가 알렉산드리아 도서관 관장 에라토스테네스에게 보낸다는 말이 함께 적혀 있었다.

다행인 점은 시 형태라는 것이다. 곧 원작자가 재미로 냈다는 뜻인데

안타깝게도 이 문제 속 수학은 좀 재미가 없다. 소 떼 문제에는 대수학 농장이 필요하다. 앞선 7줄은 미지수 8개를 사용하는 방정식 7개로 표현할 수 있다. 끈질긴 참을성과 충분한 종이만 있다면 상당히 지루한 계산과 미지수 저글링 끝에 앞선 7줄을 충족하는 수가 최소 50,389,082임을 발견하게 된다.(이대로라면 수소나 암소가 시칠리아 전역에 500제곱미터당 1마리씩 있다는 뜻이다.)

문제를 여기까지 풀었다면 아르키메데스의 축하를 받을 자격이 있다. 하지만 너무 으쓱하지는 말자. 그는 "당신은…… 솜씨가 아주 좋은 편은 아니군요."라는 경고도 했다. 소 떼 전체를 구하려면 아직 멀었다.

여덟 번째 줄의 흰색, 검은색 수소의 수는 제곱수, 즉 1, 4, 9, 16처럼 어떤 수의 제곱인 수다.(예를 들어 1^2, 2^2, 3^2, 4^2…….) 이 조건을 더한다면 소 떼는 최소 51,285,802,909,803마리가 된다.(이제 시칠리아에는 1제곱미터당 약 2,000마리의 소가 생겼다. 정어리 통조림처럼 찌그러진 소들이 수백 미터 높이로 섬 전체를 뒤덮었다는 뜻이다.)

마지막 줄이 압권이다. 얼룩무늬 수소와 노란 수소를 합친 수가 삼각수, 즉 정삼각형 모양을 만들 수 있는 점의 개수라는 것이다. 3, 6, 10처럼 (……) 점을 한 줄씩 더할 때 나오는 수 말이다. 이제 아르키메데스의 소 떼 문제는 18세기 수학 범위를 넘어선다.

이 문제는 이후 수백 년 동안 미해결 수수께끼로 이름을 떨쳤다. 19세기 위대한 수학자 카를 프리드리히 가우스가 완전한 해법을 구했다는 소문도 있었다. 그러나 부분적 해답을 최초로 발표한 이는 1880년 독일의 아우구스트 암토어로, 소 떼 마릿수가 최소 766으로 시작하고 그 뒤로 206,542번째 자리까지 이어지는 수임을 밝혀냈다. 다시 말해 모든 수소와 암소가 원자만큼 작더라도 온 우주가 이 소 떼를 담지 못할 정도로 황당하리만치 큰 수다.

1889년 일리노이주에서 달리 할 일이 없었던 세 친구가 계산 규모에 굴하지 않고 나머지 수를 구하기 시작했다. 4년간 고생한 끝에 그들은 수의 왼쪽 끝 32자리와 오른쪽 끝 12자리를 구해 냈다. 그러나 소 떼 문제의 완전한 해답은 컴퓨터 시대가 열리고 나서야 구할 수 있었다. 1965년 슈퍼컴퓨터 1대가 7시간 45분 동안 계산한 끝에 해답을 출력했고 그 수의 길이는 A4 용지 42장에 달했다.

고트홀트 레싱을 비롯한 몇몇 학자들은 정말 아르키메데스가 소 떼 문제를 만들었을까 하고 의문스러워했다. 다른 어떤 그리스 문헌에도 이 수수께끼가 언급되지 않았으며 아르키메데스가 이 문제의 해답을 알았을 리도 없기 때문이다. 그러나 다른 몇몇은 실제로 그가 이 문제를 처음 냈으리라고 확신한다. 아르키메데스는 유별날 정도로 큰 수에 푹 빠져 있었다. 그는 소논문 〈모래알을 세는 사람〉(The Sand Reckoner)에서 우주를 가득 채우려면 모래알이 얼마나 많이 필요할지 추정하고자 새로운 수 체계를 고안했다.(그렇게 추산한 모래알은 10^{63}개였다.) 소 떼 수수께끼는 어쩌면 애초에 답을 구하기 위한 문제가 아니라 단위 분수를 사용한 9줄짜리 간단한 문장만으로 (아르키메데스 시대의) 학식을 모조리 뛰어넘는 숫자를 규정할 수 있음을 보여 주려는 문제였을지도 모른다. 엉뚱하고 이해하기 쉽지만 2,000년 넘게 아무도 풀지 못한 문제를 만들다니 꽤 (사악한) 천재답다. 시의 마지막 부분에서 그는 이렇게 말한다. "만일 당신이 (해답을) 구했다면, 친구여! 그리하여 소 떼가 총 몇 마리인지를 구했다면 정복자가 된 듯 기뻐하십시오. 당신은 숫자를 가장 솜씨 좋게 다루는 사람임을 스스로 증명해 보였습니다."

퍼즐로 보면 소 떼 수수께끼는 재미있는 수학이라기보다 심각하게 복잡한 연립 방정식 문제 풀이에 더 가깝다.

앞으로 이 책에서 다룰 퍼즐들은:

계산보다는 통찰이 중요하다.

전문 기술보다는 기본 능력을 사용한다.

A4 용지 42장보다는 짧게 적을 수 있는 수를 다룬다.

완전한 해법을 구하는 데 2,000년까지는 걸리지 않는다.

아르키메데스의 수수께끼에서 본받을 점은 딱 하나, 동물을 소재로 한다는 점이다.

이 책은 동물에 관한 퍼즐들로 시작한다. 복닥거리는 토끼들, 앙큼한 고양이, 개구리, 파리, 사자, 낙타, 카멜레온 등이 등장한다. 동물 퍼즐이 (아직) 수학의 한 분과로 인정받지 못했지만 재미있고 다양한 동물 수수께끼를 만들고 있는 사람이 꽤 많다. 그 덕분에 중세부터 오늘날에 이르는 퍼즐들 가운데 내가 가장 좋아하는 것들을 소개할 수 있었다.

동물의 왕국을 지나고 나면 위험천만한 세계로 들어가게 된다. 실제로는 외딴 섬에 버려지거나 미로에 빠지거나 방 안에 갇히거나 사형을 앞두고 감옥에 갇힐 일이 아마 없을 것이다. 하지만 탈출과 생존에 관한 수수께끼들이 담긴 제2장에서처럼 퍼즐 랜드에서는 언제나 이 같은 곤경에 처하게 된다. 당신은 수평적으로 논리적으로 심지어 위상 기하학적으로 생각해야만 한다. 어떤 퍼즐은 컴퓨터과학 분야의 멋진 발견들을 바탕으로 하기도 한다. 예를 들어 탈옥 전략 수립은 알고리즘 설계와 유사한 면이 있다.

나는 문제를 해결하는 즐거움을 나누고자 이 책을 썼다. 좋은 퍼즐은 창의적 사고를 자극할 뿐만 아니라 세상에 대한 경탄과 호기심까지 불러일으킨다. 해결사가 될 당신에게 놀라움을 선사하거나 흥미로운 패턴 또는 아이디어가 담긴 문제들을 고심 끝에 엄선했다. 퍼즐은 매우 다양한 장르를 포괄하는 만능 매개체니 부디 이 책이 당신의 뇌를 다방면으로 간지럽힌다면 좋겠다.

퍼즐이 실린 순서는 난이도와 무관하다. 따라서 이 책을 처음부터 끝까지 순서대로 읽어도 좋고 가볍게 훑어보면서 골라 읽어도 좋다. 수학의 역사와 그 속에서 퍼즐이 담당했던 역할에 대한 글도 실었으며 뒷부분에는 정답과 추가 설명을 더했다. '맛보기 문제'는 식사 전에 입맛을 돋우는 애피타이저 같은 역할이다.

사실 당신은 이미 퍼즐을 한입 맛보았다. 표지에 있는 알파벳 모형 문제 말이다. 내가 이 퍼즐을 사랑하는 이유는 이 도형을 보자마자 접힌 부분을 펼치면 L이 될 것 같다는 생각이 들지만 실은 정답이 아니기 때문이다. 뻔해 보이는 이 오답을 애써 머릿속에서 지운다면 덜 뻔해 보이는 정답이 문득 떠오를 것이다. 이처럼 퍼즐은 의도적으로 틀린 생각을 유도하거나 맞는 것 같으면서도 완전히 틀린 해답을 제시하면서 우리 마음을 가지고 논다. 잘못된 방향으로 끌고 가려는 퍼즐을 해결한다면 마지막 깨달음의 순간은 한층 더 달콤할 것이다.

수학에서 심리가 가장 나쁜 영향을 미치는 영역이 바로 마지막 장 주제인 확률이다. 우리 뇌는 무작위를 이해할 준비가 거의 되어 있지 않으며 확률 퍼즐은 직감이 어떻게 틀리는지 제대로 알려 준다. 퍼즐은 우리에게 놀라움과 가르침을 줄 뿐만 아니라 보다 명확하게 생각하도록 도와주기도 한다.

이것이 바로 모든 퍼즐의 힘이다. 재미있으면서도 유용하다. 퍼즐은 우리 두뇌를 더욱 영리하고 다재다능하고 유연하고 다면적이게 만들어 준다. 사고력을 기르는 데 도움이 되고 규칙을 발견하는 능력을 갈고닦게 해 주고 세상을 다른 측면에서 바라볼 수 있도록 훈련해 주며 우리가 어디에서 쉽게 길을 잃는지 짚어 준다.

이제 출발할 채비를 하자.

동물들이 당신을 애타게 기다리고 있다.

차례

프롤로그 · 6

제1장 **퍼즐 동물원**
_동물 퀴즈

맛보기 문제 1 숫자 수수께끼 · 20

001 토끼 3마리가 양쪽 귀를 다 가지려면? · 23
002 죽은 개가 다시 살아나 움직이려면? · 25
003 토끼 1쌍이 1년 후에는 총 몇 쌍이 될까? · 27
004 암컷 토끼가 평생 낳는 자손의 수는? · 30
005 개구리가 마지막 연잎에 도달하려면? · 32
006 낙타가 무사히 사막을 건너려면? · 34
007 멸종 위기인 앤털로프를 구하려면? · 36
008 낙타 13마리를 아프지 않게 나누려면? · 39
009 낙타와 말 중 더 느린 동물은? · 40
010 파리가 지그재그로 이동한 거리는? · 41
011 가장 마지막까지 살아남는 개미는? · 43
012 달팽이가 고무 밴드 끝에 도착하려면? · 45

013 동물들이 반대 방향을 바라보려면? • 47
014 벌레들로부터 침대를 사수하려면? • 49
015 앵무새가 입을 꾹 다문 이유는? • 51
016 어떤 색 카멜레온이 살아남을까? • 52
017 거미가 점심으로 파리를 먹으려면? • 54
018 미어캣이 거울로 전신을 보려면? • 56
019 고양이를 찾는 데 며칠이 걸릴까? • 57
020 집배원이 사나운 개를 따돌리려면? • 59
021 X균이 Y균을 다 먹는 데 걸리는 시간은? • 60
022 오리가 여우에게 잡히지 않으려면? • 62
023 논리적인 사자가 주린 배를 채우려면? • 65
024 어떤 돼지가 더 많이 먹을까? • 67
025 쥐 10마리가 독이 든 와인병을 찾으려면? • 68

제2장 저는 수학자입니다, 여기서 내보내 주세요 _생존 문제

맛보기 문제 2 까다로운 격자 • 72

026 불난 섬에서 살아남으려면? • 77
027 8톤 트럭의 핸들이 고장 났다면? • 78
028 해적으로부터 인질들을 구하려면? • 81
029 지하 감옥에서 탈출하려면? • 83
030 안전하게 반지를 배송하려면? • 85
031 자물쇠 비밀번호를 풀려면? • 86
032 비밀번호를 무조건 맞히려면? • 87
033 모든 버튼에 전원이 들어오려면? • 88
034 의심 많은 3명이 금고를 지키려면? • 90
035 숫자 암호로 같은 조직임을 확인하려면? • 91

036 몸을 뒤틀지 않고 꼬인 끈을 풀려면? • 93
037 지퍼 안쪽이 보이도록 바지를 입으려면? • 95
038 거대한 미로 속 직사각형 넓이는? • 96
039 화살표 미로에서 탈출하려면? • 98
040 교도관 모두가 교도소 규정을 지키려면? • 100
041 어떤 봉투를 골라야 살아남을까? • 101
042 1부터 100까지 숫자 중 빠진 것을 찾으려면? • 102
043 100 만들기에 먼저 실패하려면? • 103
044 갈림길에서 맞는 길을 선택하려면? • 104
045 어쩌고저쩌고? 그렇다? 아니다? • 106
046 사형수의 목숨을 살려 주려면? • 108
047 빨간 모자일까 파란 모자일까? • 111
048 메이저리티 리포트와 이름 기억하기? • 114
049 우리 모두 램프실에 다녀왔습니다? • 116
050 100개 서랍에서 내 이름표를 찾을 확률은? • 118

제3장 케이크와 큐브와 구두 수선공의 칼 _기하학 문제

맛보기 문제 3 왁자지껄 수수께끼 • 122

051 칼리송이 망가지지 않게 포장하려면? • 126
052 남은 케이크를 동일하게 2등분 하려면? • 128
053 5명이 케이크를 똑같이 나누어 먹으려면? • 129
054 도넛 하나를 3번 잘라 9조각으로 나누려면? • 131
055 따로 떨어져 있는 삼각형들과 별의 탄생? • 133
056 직사각형으로 정사각형을 만들려면? • 136
057 가마 의자가 정사각형 모양이 되려면? • 138
058 스페이드를 하트로 탈바꿈하려면? • 140

059 깨진 꽃병을 붙여 정사각형을 만들려면? • 142
060 정사각형으로 정사각형 만들기? • 145
061 퍼킨스 아주머니 퀼트 속 정사각형 개수는? • 147
062 렙타일로 스핑크스를 만들려면? • 150
063 신비한 동물들을 같은 모양으로 나누려면? • 153
064 정사각형 2개가 겹친 부분의 넓이는? • 155
065 삼각형을 4등분 했을 때 한 조각의 넓이는? • 156
066 카트리나의 아르벨로스와 그 넓이는? • 158
067 카트리나의 십자가 속 정삼각형 넓이는? • 159
068 정육면체 위 맞닿은 두 선분의 각도는? • 160
069 멩거 스펀지의 육각 단면은 어떤 모습일까? • 164
070 독특한 마개를 통과하는 물체의 모양은? • 166
071 두 피라미드의 한 면씩을 포개 붙인다면? • 167
072 막대를 감고 있는 실의 길이는? • 170
073 출발점에 살고 있는 곰은 무슨 색일까? • 172
074 18일간의 세계 일주를 마치고 돌아온 날짜는? • 173
075 위스키는 정확히 얼마나 남아 있을까? • 174

제4장 잠 못 이루는 밤과 형제자매 라이벌 _확률 퍼즐

맛보기 문제 4 봉가드 퍼즐 • 178

076 다크 초콜릿 쿠키를 고를 확률을 높이려면? • 183
077 하얀 조약돌 1개를 먼저 꺼내려면? • 184
078 서랍 속 양말의 개수는? • 186
079 주머니 속 잔돈은 총 얼마일까? • 187
080 감자 1포대를 2개로 비등하게 나누려면? • 188
081 봉지 15개에 나눠 담을 최소한의 사탕 개수는? • 189

082 자루 안에 남아 있는 공이 흰색일 확률은? · 191
083 베르트랑의 상자 역설과 검은 주화가 남을 확률은? · 193
084 주사위로 다이어트를 한다면? · 196
085 주사위를 굴려 내기로 돈을 번다면? · 197
086 동전 던지기 기록 중 가짜인 것은? · 198
087 아이 4명으로 가능한 성별 조합은? · 200
088 남편과 아내 중 먼저 임신에 반대할 사람은? · 201
089 아들이나 딸이 2명 있을 확률은? · 206
090 짝수 연도에 태어난 여자아이일 확률은? · 210
091 첫째 쌍둥이는 주로 몇 번째로 줄을 설까? · 211
092 평중최범의 범위가 5인 5개 숫자는? · 213
093 통계도 거짓말을 할 수 있다고? · 214
094 마라톤 대회에 참가한 사람은 모두 몇 명일까? · 215
095 파이트 클럽에 가입하려면? · 216
096 풀잎으로 커다란 매듭을 지으려면? · 217
097 가장 큰 수가 적힌 종이를 선택하려면? · 219
098 죄수가 사면될 확률은 얼마나 될까? · 222
099 몬티 콰당 문제에서 당신의 선택은? · 226
100 러시안 룰렛으로 살아남기? · 228

정답 및 해설 · 231
퍼즐 목록과 출처 · 323
감사의 말 · 333

일러두기

1. 본문의 인명, 지명 등 외래어는 국립국어원 외래어 표기법에 따랐습니다.
2. 원고 특성상 등장하는 단위를 모두 미터법으로 통일하지 않았습니다.

제1장

퍼즐 동물원

동물 퀴즈

맛보기 문제 1

숫자 수수께끼

01

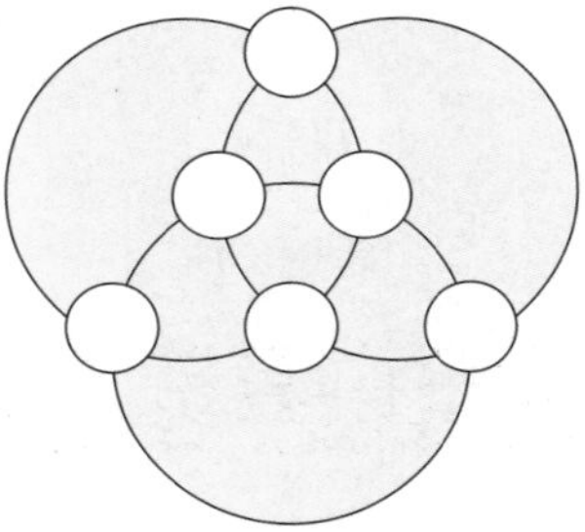

큰 원 3개는 각각 작은 흰색 원 4개를 연결한다. 흰색 원 안에 1부터 6까지 숫자를 넣어 큰 원 1개당 숫자의 합이 14가 되도록 만들어 보자.

02

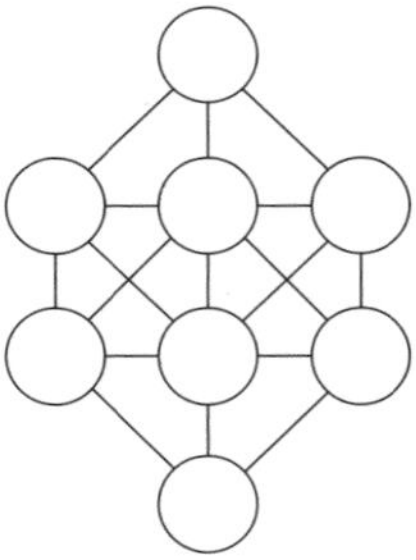

선으로 연결된 원 2개 속 두 수의 차가 1만큼 크거나 작지 않도록 원 안에 1부터 8까지 숫자를 넣어 보자. 예를 들어 6은 5나 7과 연결될 수 없다.

03

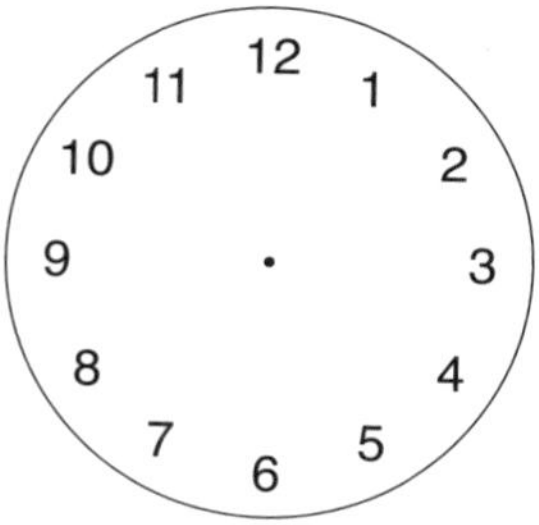

직선 2개로 시계를 나누어 각 구간 숫자의 합이 같도록 만들어 보자.

04

1부터 4까지

□ x □ = □□

1부터 5까지

□□ x □ = □□

1부터 6까지

□□ x □ = □□□

1부터 5까지

□□ = □ + □ + □

2부터 6까지

□ x □ = □ + □ + □

2부터 6까지

□ + □ = □.□ x □

1부터 9까지

$$\frac{\square}{\square\square} + \frac{\square}{\square\square} + \frac{\square}{\square\square} = 1$$

각 조건에 맞는 수를 네모 안에 넣어 참인 등식을 완성해 보자. 예를 들어 첫 번째 등식에는 1, 2, 3, 4를 사용한다.

05

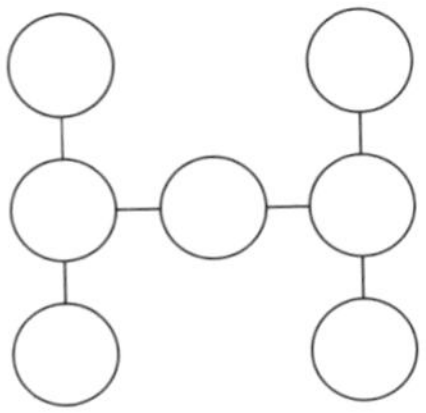

원 안에 1부터 9까지 숫자 가운데 7개를 넣어 각 줄의 세 숫자를 곱했을 때 같은 값이 나오도록 만들어 보자.

06

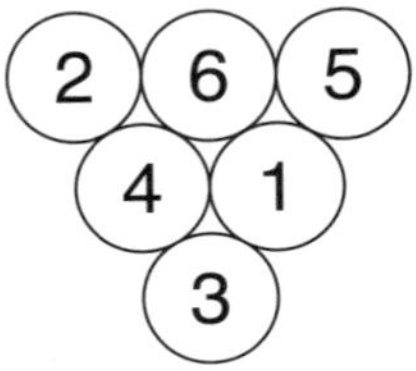

삼각형을 이루는 원 6개에는 인접한 두 수의 차가 그 아랫줄에 오도록 1부터 6까지 수가 적혀 있다.

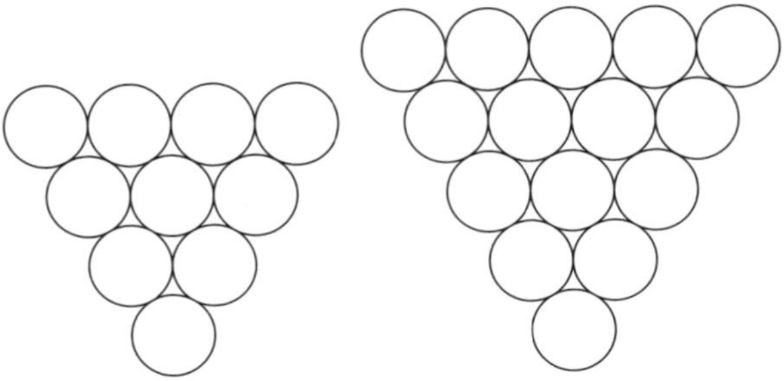

왼쪽 삼각형에 1부터 10까지, 오른쪽 삼각형에 1부터 15까지 숫자를 사용해 똑같이 적어 보자.

001 토끼 3마리가 양쪽 귀를 다 가지려면?

모든 토끼가 귀를 2개씩 가질 수 있도록 토끼 3마리와 귀 3개를 재배치해 보자.

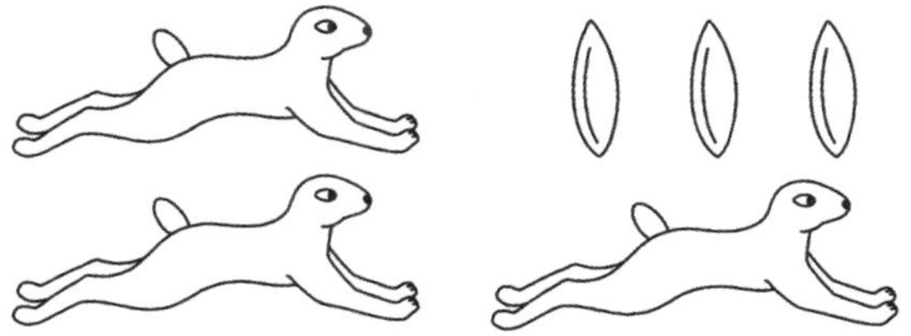

만약 지금 영국 데번의 한 교회에서 이 책을 읽고 있다면 천장을 올려다보지 마라!

데번에 자리한 12곳 이상 되는 교회 천장에는 이 퀴즈의 정답을 담은 중세풍 목각 장식이 있다. 사실 산토끼 3마리가 귀를 공유하는 모습은 북반구 전역의 수많은 성지에서 발견되는 상징이다. 6세기 중국에서 가장 먼저 생겨났지만 가장 많이 발견되는 곳은 영국 데번이다. 이곳에서는 서로 얽힌 토끼 귀를 가리켜 '양철공의 토끼들'이라고도 부르는데 수백 년 전 주석 광산에서 나온 돈으로 그 교회들을 건설하고 관리했기 때문이다.

3마리 토끼가 이루는 완전한 조화는 그 자체로 강렬하고 신비로운 상징이자 영원과 아름다움이라는 개념을 쉽게 보여 준다. 그런데 어떻게 보면 말이 되는 것 같다가도 어떻게 보면 또 틀린 것 같은 이 그림은 우아한 퍼즐로서도 매력적이다. 원래 퍼즐이란 게 보다 보면 머리가 빙글빙글 돌 만큼 매혹적이다.

002 죽은 개가 다시 살아나 움직이려면?

여기 죽은 듯한 개들이 있다.

선 4개를 그려 개들이 달리게 만들어 보자!

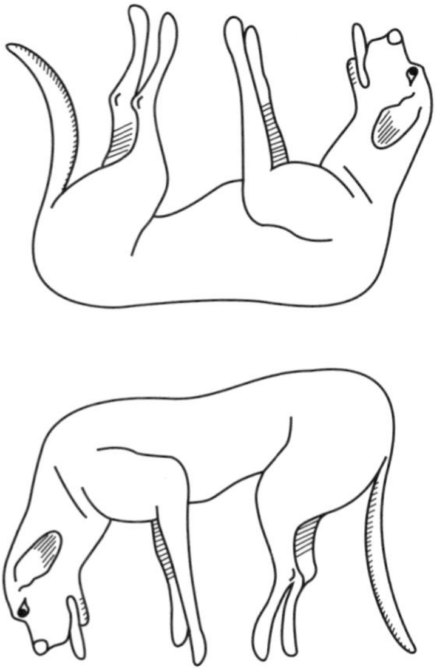

개들과 함께하는 이번 수수께끼는 1849년 빅토리아 시대 주부들을 겨냥한 라이프 스타일 잡지 〈패밀리 프렌드〉 창간호에 처음 등장했다. 그림 하나에 선 4개를 그려 넣어 2마리 동물을 되살리는 착시 그림은 이것이 원본이며 이후 수많은 형태로 응용되고 있다.

토끼와 개 하니까 말인데…….

003 토끼 1쌍이 1년 후에는 총 몇 쌍이 될까?

여인이 문을 열자 개가 집 안으로 들어왔다. 입에는 이웃이 기르는 토끼가 물려 있었는데 이미 죽었다. 당황한 여인은 곧장 이웃집에 가 사과했지만 이웃은 웃으며 말했다.
"괜찮아요, 제 토끼는 다치지 않았어요."
왜 다치지 않았다는 걸까?

3마리 토끼를 둘러싼 신비는 야생 토끼의 습성과도 연관이 있다. 토끼는 그 엄청난 번식률 덕분에 오래전부터 다산과 부활의 상징이자 성적 매력이 넘치는 이들을 속칭하는 말이었다. 왕성한 번식은 먹이를 찾아 어슬렁거리는 수많은 포식자에게 맞서는 토끼의 주요 방어구다. 번식은 수학적으로 분석하기에도 안성맞춤이다. 실제로 수학계에서 가장 유명한 문제 중 하나가 바로 급속도로 번식하는 토끼 가족에 관한 것이다.

피보나치로 잘 알려진 레오나르도 피보나치는 유럽에 아라비아 숫자를 소개한 13세기 책《주판의 서》(Liber Abaci)에서 다음과 같은 문제를 냈다. 여기 토끼 1쌍이 있다. 만일 이들이 매달 새끼를 1쌍씩 낳고 새로 태어난 암컷 토끼들도 1달이 지나면 새끼를 밸 수 있으며 마찬가지로 매달 1쌍씩 새끼를 낳을 수 있다면, 12개월이 지났을 때 토끼는 총 몇 쌍이 될까? 계산하는 수고를 덜어 주자면 토끼는 매달 (1), 2, 3, 5, 8, 13, 21, 34, 55, 89, 144, 233, 377쌍이 된다. 이 문제 덕분에 이 숫자들은 피보나치수열이라고 알려졌다.

(첫째 쌍부터 시작하자. 첫 달이 지나면 이들이 새끼를 낳으니 토끼는 총 2쌍이 된다. 둘째 달이 지나면 첫째 쌍은 또 새끼를 낳지만 둘째 쌍은 아직 새끼를 배지 못하니 총 3쌍이 된다. 셋째 달이 지나면 첫째, 둘째 쌍이 새끼를 낳고 셋째 쌍은 아직 새끼를 배지 못했으므로 총 5쌍이다. 같은 방식으로 계속한다.)

피보나치수열은 수학책 밖에서도 널리 알려진 몇 안 되는 수열 중 하나인데 여러모로 매력적이다. 예를 들어 각 항은 앞선 2항의 합을 나타내는데(1+2=3, 2+3=5, 3+5=8 등) 이러한 재귀 배열의 원형은 자연의 성장이다. 앞니가 톡 튀어나온 토끼는 물론이고 식물에서도 찾아볼 수 있다. 콜리플라워, 로마네스코 브로콜리, 솔방울, 파인애플, 해바라기의 씨앗이나 송이 개수는 대부분 피보나치수열의 수다. 마트에 갔을 때 한번 확인해보기를.

이처럼 피보나치는 멋진 순수 수학 1조각을 발견했다. 그런데 피보나치가 낸 문제는 실제 상황을 얼마나 반영하고 있을까? 피보나치는 과연 토끼의 번식 습성을 정확하게 반영한 모형을 만들었을까?

훌륭하게도 피보나치는 토끼의 임신 기간을 거의 맞혔다. 토끼는 1달

동안 새끼를 배고 출산 직후 다시 임신할 수 있다. 그러니까 이론적으로는 암컷 1마리가 1년에 새끼 12마리를 낳을 수 있다.

하지만 실제로 암컷이 임신을 하려면 태어나서 최소 6개월 정도는 시간이 지나야 하며, 암컷은 평균적으로 한 번에 6마리씩 좀 더 많은 새끼를 낳는다. 관련 동물학 통계 자료와 함께라면 피보나치의 역사적인 토끼 수수께끼도 업데이트할 수 있다.

004 암컷 토끼가 평생 낳는 자손의 수는?

만약 암컷 토끼가

- **생후 6개월이 지나야 새끼를 밸 수 있고**
- **임신이 가능해진 후 매달 새끼 6마리를 낳으며 그중 3마리는 암컷이고**
- **토끼 수명이 7년이라고 한다면**

암컷 토끼 1마리는 평생 몇 마리의 자손을 보게 될까?

물론 이 숫자 또한 사실을 간단히 바꾼 것이다. 야생 토끼 수명은 고작 1년 정도다. 암컷 토끼의 번식력도 생후 수년이 지나면 감소한다. 토끼가 살 공간이나 먹이 등 환경 요인들도 성장 속도를 늦출 것이다. 그럼에도 불구하고 이 질문들은 토끼 번식 가능성의 상계(上界)에 대한 이론적 추정치를 밝혀 줄 것이다. 토끼처럼 새끼를 낳는다는 게 실제로 어떤 의미인지 과학적으로 분석해 보자는 말이다.

만일 공식을 구할 수 있다거나 해답을 계산하는 데 쓸 식을 세울 수 있다면 그것만으로도 100점을 주겠다. 정확한 값을 구하려면 컴퓨터의 도움이 필요할 것이다. 만약 당신이 IT(혹은 엑셀) 마스터가 아니라면 책의 뒷부분을 펼쳐 보자. 하지만 그 전에 정답을 대강 가늠해 보자. 당신의 추정치와 정답의 차이가 10의 제곱보다 작다면(즉 100배 이하로 크거나 작으면) 겨자를 곁들인 토끼 요리와 샤블리 와인을 들며 축하해도 좋다. 아마 깜짝 놀랄 것이다.

다음 퍼즐은 깡충깡충, 아니 **폴짝폴짝**에 관한 문제다.

005 개구리가 마지막 연잎에 도달하려면?

연잎 10장이 연못을 가로질러 일렬로 놓여 있다. 왼쪽 맨 끝 연잎에 개구리 1마리가 앉아 있다.

어느 단계에서든 개구리는 다음 연잎으로 점프하거나 하나를 건너뛰고 그다음 연잎으로 점프할 수 있다.
뒤로는 움직이지 않는다고 할 때 개구리가 오른쪽 맨 끝 연잎에 도달하는 방법은 총 몇 가지일까?

이제 점프로 유명한 동물에서 혹으로 유명한 동물로 넘어가 보자.

퍼즐 랜드에서 낙타는 2가지 이유로 유명하다.

첫째, 곡식 옮기기에 관한 중세 퍼즐에서 주인공으로 멋들어진 기교를 뽐냈다. 둘째, 가족 내 불화에 관한 전통적 퍼즐에도 등장한다.(여기서는 첫 번째 퍼즐을 먼저 살펴본 뒤 두 번째 퍼즐로 넘어가자.)

곡식 옮기기 퀴즈의 요지는 이렇다. 낙타가 오래 걷는 만큼 더 많은 곡식을 먹어야 한다고 가정할 때, 곡식을 A 지점에서 B 지점으로 운반하는 최고의 전략은 무엇일까? 이러한 유형의 퍼즐이 최초로 등장한 것은 근대 퍼즐 세계의 기틀과도 같은 책, 8세기 영국 요크의 앨퀸이 쓴《젊은이를 위한 퀴즈》(Propositiones ad Acuendos Juvenes)에서다. 이후 수 세기 동안 걸으면서 먹거나 걸으면서 마시거나 모래 언덕을 넘거나 하는 비슷한 퀴즈들이 줄지어 뒤따랐다.

006 낙타가 무사히 사막을 건너려면?

베두인족 4명이 각자 낙타 1마리와 함께 사막 한쪽 끝에 서 있다. 이들은 사막 한가운데에 있는 야영지에 중요한 소포를 배달해야 하며, 야영지까지는 낙타를 타면 4일이 걸린다. 낙타는 마실 물을 5일 치까지 실을 수 있다. 만일 베두인족 협조 아래 사막에서 물을 흘리거나 물이 증발해 줄어들지 않으면서도 낙타들 간에 물을 옮길 수 있다고 하자. 딱 20일 치 물만 주어졌을 때 어떻게 해야 낙타 1마리가 야영지에 소포를 배달하고 나머지 3마리가 모두 출발점으로 돌아올 수 있을까?

앨퀸의 낙타 퀴즈는 재미로 시작한 일이 중요한 수학 연구 분야로 진화한 좋은 사례다. 물을 마시고 곡식을 먹던 낙타는 20세기 들어 가스 연료를 소비하는 기계로 업그레이드되었다. '지프차 퀴즈'는 한 번에 일정량의 연료만 주유할 수 있는 지프차가 어딘가를 가던 도중 길에 연료를 놓아두고 다시 돌아와 추가 주유를 한다고 했을 때, 주유소에서 가장 멀리 갈 수 있는 최고의 방법을 묻는다. 이 수수께끼는 탐사 임무나 전쟁에 활용 가능하다. 실제 이 수수께끼를 가장 먼저 상세히 분석했던 연구는 1946년 미국 육군 항공대의 후원으로 진행되었다. 남극해를 항해하거나 적국의 영공을 가로지르거나 태양계의 새로운 영역을 탐험할 때처럼 탐사 임무에서 자신이 쓸 연료를 직접 싣고 다녀야 한다면 아마 이 수수께끼와 동일한 수송 문제로 씨름할 것이다.

007 멸종 위기인 앤털로프를 구하려면?

당신은 사하라 사막에서 일하는 수의사다. 어느 날, 당신의 동물 병원으로부터 400마일 떨어진 곳에서 멸종 위기 동물 앤털로프(아프리카나 아시아에서 볼 수 있는 사슴 비슷한 동물—편집자)의 다리가 부러졌다는 소식이 들려온다. 당신은 앤털로프를 구하기로 마음먹고 지프차에 올라탔는데, 이 차의 특징은 다음과 같다.

- 연료 1갤런당 100마일을 간다.
- 연료 탱크에 최대 1갤런을 주유할 수 있다.
- 연료 탱크와는 별개로 1갤런 분량의 연료 통 4개를 트렁크에 실을 수 있다.
- 당신과 앤털로프가 있는 곳 사이에는 주유소가 없으므로 먼 거리를 운전하려면 일정 지점에 연료 통을 놔둔 뒤 추후 돌아가는 길에 가져가야 한다.
- 길에는 꽉 채운 연료 통만 둘 수 있다.
- 다시 주유하고 싶다면 얼마든지 출발점으로 되돌아올 수 있다.

어떻게 하면 연료 14갤런만 가지고 앤털로프를 동물 병원으로 데려올 수 있을까?

지프 수수께끼를 연구하다 보면 놀라운 결과에 이르게 된다. 수학적으로 참임을 증명할 수는 있으나 믿는 건 쉽지 않다. 이제 주유소에서 무한으로 연료를 가져갈 수 있지만 지프의 연료 탱크 크기는 한정적이라고 해 보자. 당신은 이 주유소의 연료만을 이용해 원하는 만큼 멀리 갈 수 있다. 말하자면 이론적으로는 피아트 우노(이탈리아 피아트사의 소형 해치백—편집자)를 타고 런던에서 실은 연료만으로 세계 일주가 가능하다는 뜻이다.(앞서 살펴본 수수께끼와 마찬가지로 이 세계 일주 전략 또한 나중에 쓸 연료를 여행길 곳곳에 두기 위해 몇 번이나 왔다 갔다 하느냐가 중요하다. 가득 채운 연료 탱크로 주행할 수 있는 최대 거리를 n마일이라고 한다면 연료를 길 중간에 놔두지 않고서도 n마일만큼 갈 수 있다. 여기서 놀라운 점은 만약 중간에 놔둔 연료 통이 하나라면 $n(1+1/3)$ 마일을 갈 수 있고 2개라면 $n(1+1/3+1/5)$ 마일을 갈 수 있으며, 더 많은 연료 통을 놔둘수록 더 멀리 갈 수 있다는 것이다. 다만 연료 통당 추가 거리는 점점 짧아진다. $1+1/3+1/5+1/7+\cdots\cdots$이 발산 급수, 즉 항이 많아질수록 어느 유한수에 이르지 않고 점점 커지는 급수이므로 당신의 최대 주행 거리 또한 모든 유한값을 초과하게 된다.)

낙타에 관한 또 다른 고전 수수께끼에는 유산을 놓고 다투는 세 남매가 등장한다. 이 아이들은 누가 낙타들을 물려받을지를 두고 다투는 중이다. 지금부터 소개하는 퍼즐은 19세기로 거슬러 올라가며, 흔쾌히 자비를 베풀었더니 까다롭기 그지없는 문제를 해결할 수 있었더라는 교훈적인 이야기로 오늘날까지도 여러 형태로 다시 쓰이고 있다.

어느 남자가 자신의 낙타 17마리를 세 남매에게 주며 첫째가 그중 2분의 1을, 둘째가 3분의 1을, 막내가 9분의 1을 나누어 가지라는 유언을 남졌다.

아이들은 각자 몇 마리를 가져야 할지 몰랐는데, 왜냐하면 산술적으로 17을 2, 3, 9로 나누어 그만큼의 낙타를 가져간다는 게 말이 되지 않기 때문이다.(문제 해결 과정에서 어느 낙타도 다쳐서는 안 된다.)

세 남매는 싸움을 끝내기 위해 현명한 여인을 찾아가 상황을 설명했다. 그녀는 주의 깊게 듣더니 놀랍게도 자기 소유의 낙타를 데려와 아이들에게 주며 말했다.

"이제 낙타 18마리가 되었으니 아버지 소원대로 나누어 가질 수 있겠구나!"

첫째가 그중 2분의 1인 9마리를, 둘째가 3분의 1인 6마리를, 막내가 9분의 1인 2마리를 가져갔다. 세 남매가 나누어 가진 낙타는 9마리+6마리+2마리=총 17마리다. 따라서 18마리에서 1마리가 남는다. 여인은 "내 낙타는 다시 데려가마, 고맙구나."라고 말하고는 낙타와 함께 떠났다.

이 퍼즐은 2분의 1, 3분의 1, 9분의 1로 깔끔하게 나눌 수 없는 어떤 집단에 요소 하나를 더하고 빼기만 하면 그러한 비율로 나눌 수 있다는 명백한 모순을 설명하기 위한 퍼즐이다.(어떻게 된 일인지는 정답 부분에서 설명하겠다.)

다투던 세 남매를 화해시킨 현명한 여인 이야기는 낙타가 교착 상태를 푸는 새로운 해결책으로 등장한 18세기 매력적인 우화에도 영감을 주었다.

008 낙타 13마리를 아프지 않게 나누려면?

한 남자가 자신의 낙타 13마리를 세 남매가 나누어 가지되 첫째가 그중 2분의 1을, 둘째가 3분의 1을, 막내가 4분의 1을 가지라는 유언을 남겼다. 세 남매는 낙타를 몇 마리씩 가져야 할지 몰랐는데, 낙타에게 엄청난 고통을 주지 않고서는 13마리를 2, 3, 4마리로 나눌 수 없었기 때문이다.
세 남매는 싸움을 끝내기 위해 현명한 여인을 찾아가 물었다. 여인은 어떻게 문제를 해결했을까?

낙타와 말은 역사상 탈것으로 가장 많이 이용된 동물이다. 둘 중 어느 것이 더 빠른지 혹은 느린지 궁금했던 적이 없는가?

009 낙타와 말 중 더 느린 동물은?

카말에게는 낙타 1마리, 호러스에게는 말 1마리가 있었다. 두 친구는 둘 중 어느 동물이 더 느린지를 놓고 설전을 벌이다 1마일 길이 경기장에서 경주를 하기로 했다. 결승선을 늦게 통과하는 동물이 승리하는 경기였다. 둘은 안장에 올라탔다. 짐작했겠지만 두 사람 모두 먼저 결승선에 도착하지 않으려고 출발선에 가만히 서 있기만 했다. 1시간 후 애더가 나타나 무슨 일인지 물었다. 둘은 안장에서 내려와 설명했다. 이때 애더가 몇 마디 말을 건네자 카말과 호러스는 낙타와 말로 달려가 서둘러 올라타더니 결승선을 향해 전속력으로 달리기 시작했다.
애더는 뭐라고 충고했을까?

다음 동물 퍼즐에도 일직선을 따라 속도전을 벌이는 두 친구가 등장한다.

010 파리가 지그재그로 이동한 거리는?

자전거를 탄 두 사람이 일직선 길 위에서 서로를 향해 달려오고 있다. 둘 사이 거리가 20마일이 되었을 때, 파리 1마리가 한 사람 코에서 출발해 다른 사람 코를 향해 일직선으로 날아가기 시작했다. 다른 사람 코에 도착한 파리는 즉시 뒤돌아 다시 첫 번째 사람을 향해 날아간다. 두 사람이 만날 때까지 파리는 계속해서 둘 사이의 코를 오간다.
두 사람 모두 시속 10마일의 일정한 속도로 달리고 있으며 파리는 시속 15마일의 일정한 속도로 날고 있다면, 두 사람이 만날 때까지 파리가 비행한 거리는 얼마나 될까?

이 문제에는 난이도가 다른 두 가지 풀이가 있다. 먼저 어려운 풀이는 파리가 두 번째 사람 코에 닿을 때까지 날아간 거리를 계산한 다음, 첫 번째 사람 코로 돌아올 때까지 날아온 거리를 계산하고, 또 그 반대 거리를 계산하며 점차 짧아지는 일련의 거리를 더하는 방법이다.

쉬운 풀이는 당신에게 맡기겠다.

지그재그 파리는 수학계에 전해 내려오는 이야기 중 하나다. 여기에는 20세기 위대한 과학자이자 경제학, 컴퓨터과학, 물리학의 중대한 발전을 이끌었던 헝가리 출신 미국인 요한 폰 노이만이 등장한다.

그의 친구가 퀴즈를 말하자 그는 즉시 암산으로 문제를 풀었다.

"요령을 눈치챘나 보지?" 친구가 물었다.

"아니, 그냥 거리들을 더했어."

천재도 가끔은 약간 멍청할 때가 있다.

다음 퍼즐 또한 1차원에서 움직이는 곤충들에 관한 이야기다. 앞서 살펴본 퀴즈와 마찬가지로 이번에도 까다로워 보이지만 간단한 통찰만 있다면 해결할 수 있는 문제다.

011 가장 마지막까지 살아남는 개미는?

개미 6마리가 다음 그림과 같이 1미터 길이의 막대 위에 서 있다. 애기(A), 보조(B), 다즈(D), 에즈라(E)는 우리 시선을 기준으로 왼쪽에서 오른쪽으로 움직이고, 카를로스(C)와 프레야(F)는 오른쪽에서 왼쪽으로 움직인다. 이들은 늘 정확히 초당 1센티미터씩 이동한다. 다른 개미와 부딪히면 그 즉시 반대편으로 돌아가고, 막대의 어느 한쪽 끝에 다다르면 막대에서 떨어진다.

왼쪽 끝을 기준으로 애기는 0센티미터, 보조는 20센티미터, 다즈는 38.5센티미터, 에즈라는 65.4센티미터, 프레야는 90.8센티미터 되는 지점에서 출발한다. 카를로스가 어디에서 출발하는지는 정확히 알 수 없지만 보조와 다즈 사이인 것만은 분명하다.

어떤 개미가 막대에서 가장 마지막에 떨어질까? 또 떨어지기 전까지 얼마나 오래 막대 위에 있을까?

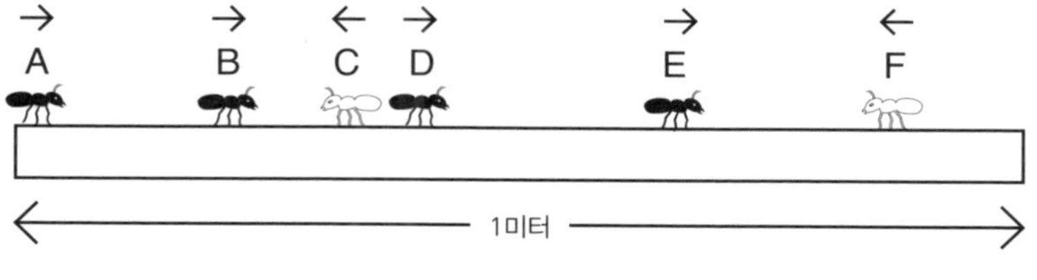

이제 고무가 등장하는 퍼즐을 살펴보자. 알다시피 고무는 늘어난다. 앞서 본 문제와 마찬가지로 이번에도 무척추동물이 어떤 물체의 한끝에서 반대편 끝으로 나아가는 문제다.

012 달팽이가 고무 밴드 끝에 도착하려면?

달팽이 1마리가 다음 그림과 같이 1킬로미터 길이의 고무 밴드 한쪽 끝에 서 있다. 이 달팽이는 초속 1센티미터의 일정한 속도로 반대편 끝을 향해 기어간다. 고무 밴드는 매초 1킬로미터씩 늘어난다. 다시 말하자면 달팽이가 1센티미터를 가면 고무 밴드는 그 길이가 2킬로미터가 되고, 달팽이가 2센티미터를 가면 고무 밴드는 3킬로미터가 되는 식이다. 달팽이가 결국에는 고무 밴드 끝에 다다름을 보여라.

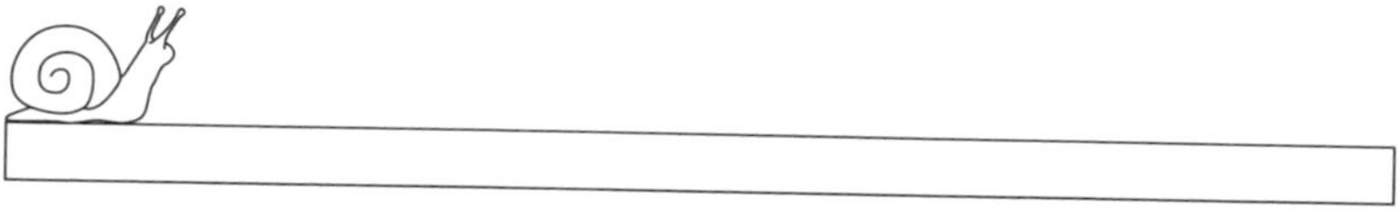

달팽이의 만만찮은 이 도전은 매초 한층 더 힘들어지는 것 같다. 달팽이가 초당 1센티미터만 움직이고 고무 밴드가 초당 1킬로미터씩 길어진다는 말만 들으면 달팽이가 목표 지점에 가까워지기는커녕 하염없이 멀어지기만 할 거라는 생각이 든다. 하지만 이 아름다운 퍼즐에서 달팽이는 끝끝내

고무 밴드 끝에 도달한다.(단, 고무 밴드가 언제까지고 일정하게 늘어나며 달팽이도 절대 죽지 않는다고 가정해야 한다.)

달팽이가 영원히 기기만 할 운명이 아닌 이유를 이해하려면 고무 밴드 왼쪽 끝에서부터의 거리를 생각해야 한다.(이 달팽이는 수학 세계의 달팽이니까 밴드 왼쪽 가장자리에 놓인 점으로 표시하자.) 1초 후 달팽이는 끝에서 1센티미터 떨어진 지점에 도달하는데 밴드가 늘어나면 끝에서 2센티미터 벌어진 지점이 된다. 고무 밴드 길이가 1킬로미터에서 2킬로미터로 늘어나면 밴드 위 어느 두 지점 간의 거리 또한 2배로 늘어나기 때문이다. 1초 더 지났을 때 달팽이 위치는 끝에서부터 3센티미터 떨어진 지점이며, 밴드가 늘어나면서 그 즉시 끝을 기준으로 4.5센티미터 벌어진 지점이 된다. 밴드가 2킬로미터에서 3킬로미터로 늘어나면 어느 두 지점 간 거리 또한 1.5배만큼 늘어나기 때문이다. 다시 말하면 달팽이는 늘어나는 밴드에 올라타 나아가고 있으며 나아가는 거리 또한 매초 늘어난다. 한없이 늘어나는 밴드라 해도 언젠가는 달팽이가 그 끝에 다다를 수 있겠다는 희망이 엿보이는 대목이다.

달팽이 퀴즈를 소개하는 이유는 흥미진진한 결과가 도출되기 때문이다. 다만 완전히 증명하려면 수학자들에겐 친숙하지만 모두 아는 것은 아닌 정보가 약간 필요하다. 그래도 기민한 독자라면 앞서 함께 살펴본 것을 바탕으로 이 퀴즈의 답을 추론할 수 있음을 눈치챘을 것이다.

이제 수학적 지식은 전혀 필요하지 않은 퍼즐들을 살펴보자.

013 동물들이 반대 방향을 바라보려면?

성냥 1개를 옮겨 말이 다른 방향을 향하게 만들어 보자.

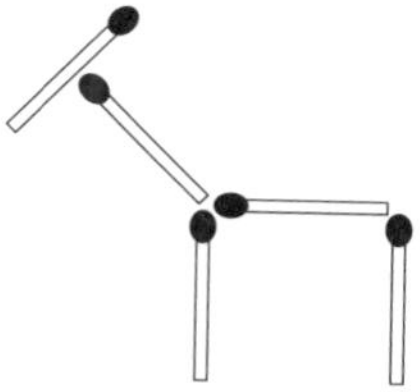

개가 왼쪽을 향해 서 있다. 성냥을 2개만 옮겨 개가 꼬리를 치켜올린 채 오른쪽을 바라보도록 만들 수 있을까?

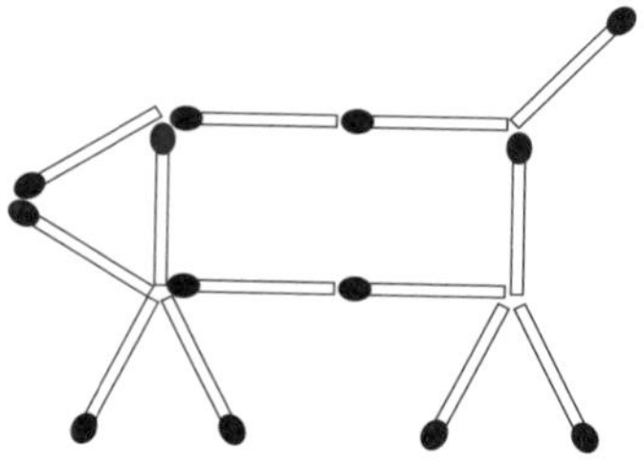

물고기의 눈은 블루베리다. 블루베리와 성냥 3개를 옮겨 물고기가 반대 방향을 바라보도록 만들 수 있을까?

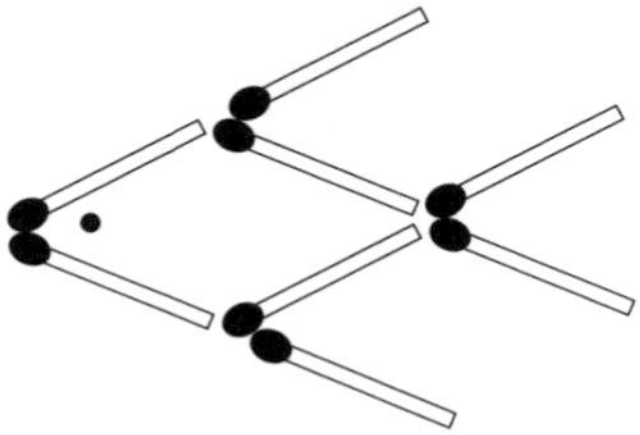

014 벌레들로부터 침대를 사수하려면?

침실 가득한 이 벌레들은 단단한 표면이라면 어디든 꿈틀대며 기어 다닐 수 있으나 물을 헤엄쳐 건너지는 못한다.
당신은 이 성가신 벌레들이 침대로 오지 못하도록 막고 싶다. 바닥에서 올라오는 벌레들은 침대 다리에 물그릇을 받쳐 두어 간단히 해결할 수 있다.
하지만 천장을 타고 기어와 이불 위로 떨어지는 벌레들은 어떻게 막을 수 있을까? 물받이를 그림과 같이 설치할 경우 벌레가 천장에서 물받이 모서리를 통해 그 밑바닥을 기어 침대로 뛰어들 수 있으므로 소용없다.
물받이를 어떻게 설치해야 벌레들로부터 침대를 지킬 수 있을까?

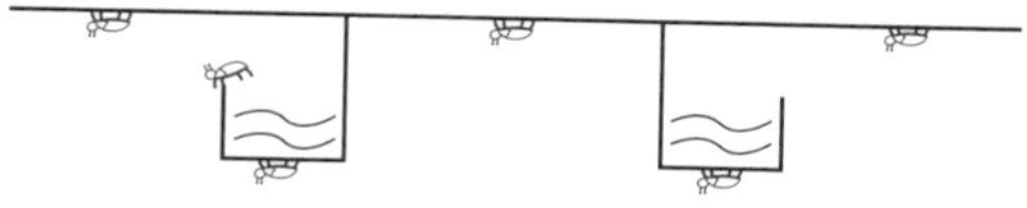

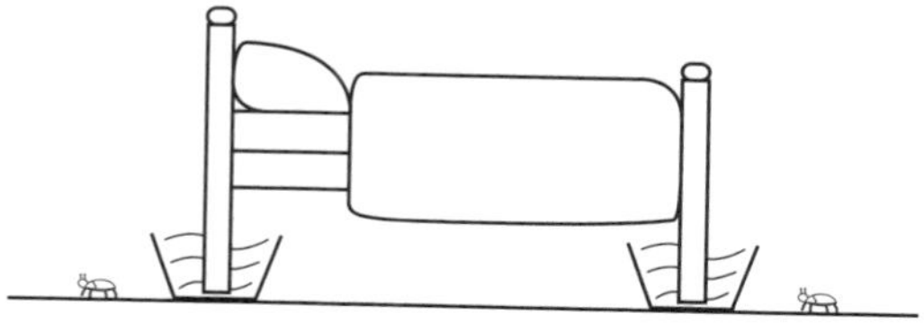

캐노피나 모기장을 침대에 씌워도 소용없다. 왜냐하면 벌레들이 그 위를 마구 기어 다닐 테고 어쩌면 모기장을 들추고 침대에 오를지도 모르기 때문이다. 캐노피 끝자락을 바닥에 고정해 밀폐하더라도 침대에 닿으려면 문을 열어야 하는데, 그때 벌레들이 당신과 함께 기어 들어갈 것이다.

다음 퍼즐은 시트콤의 한 장면 같을 수 있지만 사실 참된 수학적 내용을 담고 있다. 일상적인 대화는 모호한 말이나 가정으로 가득한 반면 수학적 명제는 정확하다. 다음 퍼즐의 목표는 수학의 엄중함을 수학이 아닌 명제에 적용하여 웃음을 자아내는 것이다. 당신 내면의 현학자를 깨워 보자.

015 앵무새가 입을 꾹 다문 이유는?

펫 숍 사장은 절대로 거짓말을 하지 않고 매우 정확하게 말한다. 펫 숍에 온 손님이 카운터에 자리한 새장 속 앵무새에 관해 묻자 사장이 대답한다. "이 새는 엄청나게 똑똑합니다. 들리는 말들을 모두 따라 할 겁니다." 손님은 이 새를 입양했지만 며칠 후 다시 데려왔다. "짜증 나 죽겠어요! 앵무새한테 몇 시간이고 말을 걸었는데 이 멍청한 새가 한 마디도 따라 하지 않았다니까요!"
펫 숍 사장님이 정말로 거짓말하지 않았다면 대체 어떻게 된 일일까?

앵무새가 죽었다는 풀이가 있을 수 있다. 이는 몬티 파이선식 쉬운 풀이법이다. 이것 말고 펫 숍 사장의 말에 어긋나지 않으면서도 앵무새가 이상하리만치 조용한 이유를 4가지 이상 찾아낼 수 있을까?

지금까지 우리는 포유류, 절지동물, 어류, 양서류, 조류를 살펴보았다. 아직 한 종류의 동물이 남았다.

016 어떤 색 카멜레온이 살아남을까?

어느 섬의 카멜레온 서식지에 초록색 13마리, 파란색 15마리, 빨간색 17마리가 살고 있다. 색깔이 서로 다른 카멜레온 2마리가 만나면 이들은 나머지 하나의 색으로 변한다. 이 곳에 사는 카멜레온들이 모두 같은 색이 될 수 있을까?

알렉산드리아의 헤론은 기원전 1세기 수학자다. 동물과 이름이 같은(영어에서 heron은 '왜가리'를 뜻한다. —옮긴이) 수학자 중 가장 중요한 인물이기도 한 그는 이번 장에서 언급할 가치가 충분히 있다. 헤론은 자판기, 기계식 인형 극장, 증기 기관 등을 포함해 시대를 훨씬 앞서 나갈 만큼 독창적인 발명품들을 다수 고안했다. 또한 훌륭한 퍼즐들의 토대가 된 정리 하나를 찾아내기도 했다. 집 두 채와 길 하나를 예로 들어 보자. 집 A에서 길 위의 어느 한 점을 찍고 집 B까지 찾아가는 방법 중 최단 경로는 다음 그림과 같다. 여기서 B′는 길을 기준으로 B를 반전시킨 것이며, A와 B를 잇는 검은 실선은 A에서 B′로 이어진 선을 이용해 그린 것이다. 선 AB′가 직선이므로 당연히 A에서 B′까지 가는 최단 경로며, A에서 길을 경유해 B까지 가는 최단 경로와도 거리가 같다. 이제 당신은 다음 퀴즈에서 곤충 1마리에게 점심 식사를 하러 가는 최적의 길을 찾아 줄 준비가 되었다.

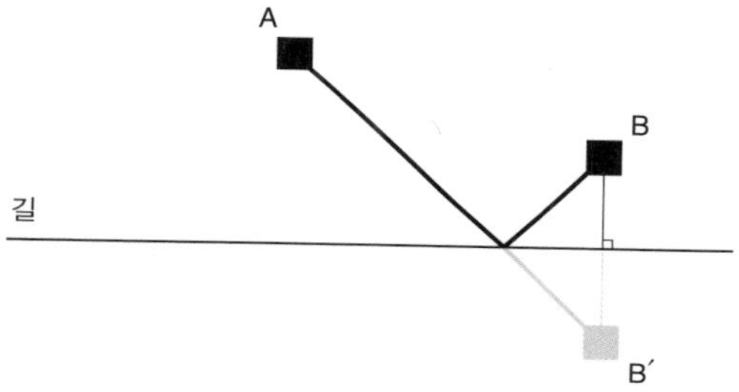

017

거미가 점심으로 파리를 먹으려면?

아래 그림과 같이 파리 1마리가 원기둥 모양의 유리컵 안으로 날아들어 입구로부터 2센티미터 떨어진 곳에 앉았다. 유리컵 바깥쪽에는 거미 1마리가 바닥으로부터 2센티미터 되는 높이에 붙어 있다. 유리컵의 높이는 8센티미터고 원주는 12센티미터다. 파리가 움직이지 않는다면 거미가 파리를 잡아먹으러 가는 최단 경로를 구해라.

16번 '어떤 색 카멜레온이 살아남을까?' 퍼즐에서 예시로 들어 설명했던

그림을 다시 보자. A에서 길로 이어지는 선의 각도는 길에서 B로 이어지는 선의 각도와 같다. 달리 말하자면 이 그림은 빛의 반사 법칙, 즉 빛이 거울에 부딪힐 때 입사각과 반사각이 같다는 법칙을 보여 준다.(길이 거울의 단면이고 A가 광원이라고 생각해 보자. 빛은 그림의 검은 실선과 마찬가지로 A에서 나와 거울에 반사되어 B에 도착한다.) 헤론은 빛의 반사 법칙을 이해하고 있었다. 최단 경로 정리를 고안한 그는 빛이 늘 최단 경로로 이동함을 추론한 최초의 인물이기도 하다.

018 미어캣이 거울로 전신을 보려면?

미어캣이 벽에 붙어 있는 거울로 자신을 보고 있다. 거울 속 미어캣의 모습은 거울 크기와 꼭 맞아서 머리끝이 거울 꼭대기에, 발끝이 거울 바닥에 닿아 있다.
미어캣이 거울에서 한 발짝 뒤로 물러나면 거울 속 모습은 어떻게 될까? 머리나 발이 거울 밖으로 나갈까 아니면 머리와 발 위아래로 여백이 생길까?

거울이 수직이고 미어캣 또한 수직으로 곧게 서서 자신을 바라보고 있다고 가정하고 문제를 풀어 보자.

미어캣이 서 있기를 좋아한다는 사실은 누구나 잘 알고 있기 때문에 이 문제 주인공으로 제격이었다. 그렇다면 고양이들은 어떤 습성이 있을까? 보통은 짓궂고 도도한 데다가 밤에 돌아다니길 좋아한다.

019 고양이를 찾는 데 며칠이 걸릴까?

쭉 뻗은 복도 한쪽에 문 7개가 나란히 있다. 이 중 하나의 문 뒤에는 고양이가 앉아 있다. 당신의 임무는 문을 열어 고양이를 찾아내는 것이며, 문은 하루에 딱 1개만 열어 볼 수 있다. 문을 열었을 때 고양이가 있다면 이기겠지만 없다면 문은 다시 닫히고 당신은 하루를 꼬박 기다려야 또다시 문을 열 수 있다. 고양이는 가만히 있지 못해서 밤중에 돌아다니다 다른 문 뒤로 이동하며 전날 앉았던 문 바로 왼쪽 혹은 오른쪽 문 뒤로 가 앉는다. 고양이를 확실히 찾으려면 최대 며칠이 필요할까?

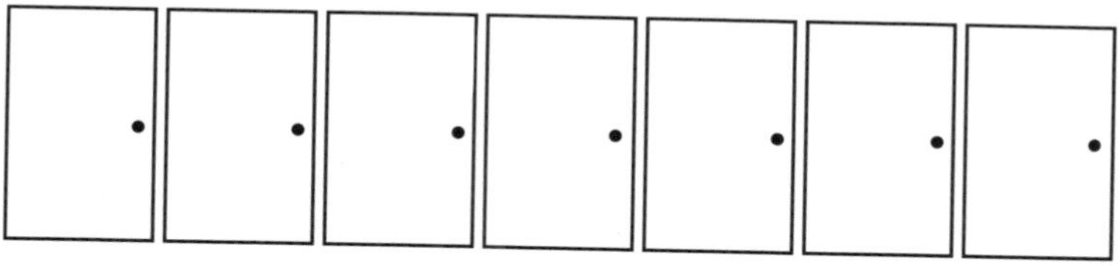

이번 문제는 고양이가 어느 문에서 시작해 밤에 어느 문으로 옮겨 가든 상관없이 일정 기간 내에 확실히 고양이를 찾아내는 전략을 구하는 것이다.

해답을 찾으려면 적은 수의 문으로 시작해서 패턴을 발견한 뒤 문 개수를 늘려 가는 게 중요하다. 조금 도와주겠다. 문이 딱 3개만 있다고 생각해 보자. 그렇다면 이틀 연속으로 가운데 문을 열어 보면 반드시 고양이를 찾을 수 있다. 1일 차에 고양이가 가운데 문에 없었다면 분명 어느 한쪽 끝 문에 있었을 테고, 1일 차에 어느 한쪽 끝에 있었다면 2일 차에는 가운데 문으로 이동할 수밖에 없기 때문이다. 문이 4개라면 나흘이면 고양이를 찾을 수 있다. 전략을 여기서 설명하지는 않겠지만 스스로 생각해 본다면 아마 그르렁 소리가 절로 나올 거다. 고양이는 전날 있었던 문에서 오른쪽 혹은 왼쪽 문으로만 이동한다는 점, 앞서 앉았던 문으로 돌아올 수도 있다는 점을 명심해라.

잡아먹힐 듯한 위험은 퍼즐에서 자주 등장하는 테마다. 늘 그렇지는 않지만 대부분은 문제를 해결하는 사람이 위험하다.

020 집배원이 사나운 개를 따돌리려면?

단독 주택 1채가 사방이 5피트 높이인 돌담에 둘러싸여 있다. 현관으로 가는 길은 단 하나, 대문을 지나 마당을 가로지르는 길뿐이다.
집배원이 찾아와 대문에서 안을 들여다보니 마당에 개 1마리가 있다. 그 개는 집배원을 보더니 물어뜯을 듯이 대문으로 달려들었지만 나무에 목줄이 묶여 있어 간신히 멈춰 섰다. 개는 마구 짖고 목줄이 팽팽해질 때까지 집배원에게 가능한 한 가까이 다가가려 한다. 집배원이 마당으로 들어가 현관으로 다가가다 보면 개에게 물릴 게 뻔하다.
어떻게 하면 그가 안전하게 편지를 현관에 두고 갈 수 있을까?

021 X균이 Y균을 다 먹는 데 걸리는 시간은?

X균과 Y균은 서로 다른 종류의 세균으로 다음과 같이 먹고 먹히는 특성을 보인다.

- X균: 주변에 Y균이 있다면 X균 1마리가 1분에 Y균 1마리를 먹는다. Y균을 먹은 X균 1마리는 2배로 증식해 X균 2마리가 된다.
- Y균: Y균 1마리는 X균에게 먹히지 않는 이상 1분마다 2배로 증식해 Y균 2마리가 된다.

다시 말하자면 X균은 Y균을 먹어야만 2배로 증식하지만 Y균은 가만히 놔둬도 2배로 증식한다. 실험자가 Y균 30마리가 든 병에 X균 1마리를 투입했다면 몇 분이 지나야 병 안에 Y균이 1마리도 없을까?

포식 관계를 다룬 유명한 재미있는 퍼즐 중에는 사람이 배고픈 사자와 함께 원형 경기장에 던져지는 문제가 있다. 만약 사람과 사자가 똑같은 최대 속도로 달릴 수 있고 둘 모두 체력이 무제한이라면 결국 사람은 사자에게 잡아먹힐까? 아니면 언제까지고 달아날 수 있을까?

이 문제는 수학자들의 상상력을 자극했을 뿐 아니라 수십 년이나 잘못 풀이된 것으로도 유명하다. 1932년 이 문제를 처음 낸 사람은 독일 수학자 리하르트 라도다.(퍼즐 주인공과 마찬가지로 라도 또한 베를린에 사는 유대인으로 생명의 위협에 시달렸으며, 이로부터 1년 후 나치 정권을 피해 영국으로 도망쳤다.) 원래 규모가 한정된 원형 경기장 안에서라면 남자가 배고픈 사자의 손아귀에서 벗어날 수 없으므로 죽은 목숨이라는 의견이 우세했다. 그러나 1950년대 들어 케임브리지 대학교 아브람 베시코비치 교수가 사자를 무한히 따돌릴 수 있는 전략을 발견했다. 사람의 목숨을 구한 것이다. 증명을 이 책에 다 실을 수는 없지만 이해하기 쉽게 설명하자면 이렇다. 남자가 매 순간 자신과 사자 사이의 직선에 대해 수직 방향으로 달리되 양방향 가운데 원의 중심점에 더 가까워지는 방향으로 달리는 것이다.

이제 원형 경기장과 배고픈 포식자가 등장하는 문제를 살펴보자.

022 오리가 여우에게 잡히지 않으려면?

원형 호수 안에 오리 1마리가 헤엄을 치고 있고 호숫가 주변으로 여우 1마리가 서성이고 있다. 여우는 오리의 물장구보다 4배 빠르게 달릴 수 있으며, 언제나 오리를 잡기에 적절한 가장 좋은 자리를 찾아 호숫가를 맴돌고 있다.
오리는 마른 땅을 디뎌야만 날아오를 수 있다. 오리가 여우에게 잡히지 않고 호숫가를 디딘 후 날아오를 방법이 있을까?

언뜻 보면 오리에게 그다지 가망이 없는 것 같다.

63쪽 그림처럼 여우가 호수 꼭대기에 서 있다고 해 보자. 오리가 여우와 정반대 방향으로 최대한 빠르게 헤엄쳐 간다고 해도 호숫가에 도착했을 때는 이미 여우가 그 자리에서 기다리고 있을 것이다. 이는 간단한 기하학으로 풀 수 있다. 오리가 헤엄치는 거리는 호수의 반지름인 r이며, 여우가 달리는 거리는 πr이다.(여우는 호수 둘레의 절반을 달리고 원의 둘레는 $2\pi r$이며 π의 값은 약 3.14다.) 그러므로 여우는 오리가 헤엄치는 거리보다

3.14배 더 먼 거리를 뛰어야 오리를 잡을 수 있다. 여기서 여우가 오리보다 4배 더 빠르게 달리므로 호숫가에 먼저 도착할 것이다.

이 문제의 핵심은 여우가 제때 따라오지 못할 지점에 오리가 땅에 발을 디딜 수 있는 길을 만드는 것이다.

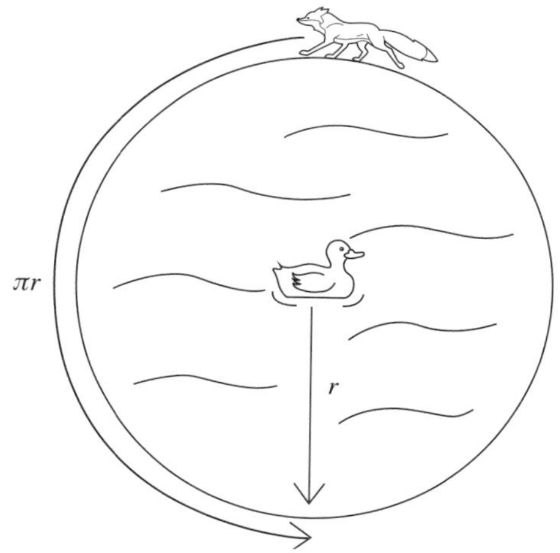

10번 '파리가 지그재그로 이동한 거리는?' 퍼즐을 한 방에 풀었던 요한 폰 노이만은 의사 결정에 대한 수학적 분석 방법인 게임 이론을 경제학자 오스카 모르겐슈테른과 함께 창시한 것으로 알려져 있다. 폰 노이만이 고안한 게임들은 본래 실내 게임용이었으나 주제가 확대되며 심리학, 철학, 정치학, 사회학, 유희 퍼즐까지 다양한 분야에 활용되기 시작했다. 게임 이론 모형에서 행위자들은 일정한 규칙에 따라 상호 작용하면서 '승리'하기 위하여, 즉 스스로가 최선의 결과를 얻기 위하여 행동한다. 다음 퍼즐의 사자 또한 마찬가지다.

023 논리적인 사자가 주린 배를 채우려면?

우리 안에 사자 10마리가 있다. 이들이 가장 좋아하는 먹잇감은 양이다. 그러나 사자들은 양을 먹으면 졸음이 몰려오고, 그때 주변에 다른 사자가 있으면 자신도 잡아먹힐 것을 알고 있다. 사자를 잡아먹은 사자 또한 졸음에 빠져 또 다른 사자에게 잡아먹힐 위험에 빠진다.

이때 양 1마리가 우리에 들어온다. 사자들은 모두 양을 잡아먹고 싶어서 안달이 났지만 자신이 다른 사자에게 잡아먹히지 않는다는 보장이 있을 때만 양을 잡아먹을 것이다.

양은 어떻게 될까?

(추가 질문: 처음부터 우리 안에 사자가 11마리 있다면 어떤 일이 일어날까?)

좀 더 정확하게 말하자면 사자들 중 1마리만 양을 잡아먹을 수 있으며 여러 마리가 양을 나눠 먹을 수는 없다. 또한 사자들이 언제나 스스로 최대 이익을 좇아 행동하며 완벽하게 논리적이라고 가정해 보자.

돼지는 매우 영리한 동물이다. 박사 학위가 없는 돼지들까지도 마찬가지다. 다음 퍼즐에서는 1979년 케임브리지 대학교 바브라함 연구소 소

속 바질 볼드윈과 미즈가 진행한 돼지 관련 실험이 등장한다. 이 실험이 유명세를 얻은 이유는 게임 이론이 동물의 습성을 완벽하게 본떠 만든 이론임을 보여 주었기 때문이다.

024 어떤 돼지가 더 많이 먹을까?

상자 속에 돼지 2마리가 있다. 1마리는 커다랗고 힘이 세고 나머지 1마리는 작고 약하다. 상자 한쪽 끝에 붙은 레버를 누르면 반대쪽 끝에 놓인 그릇에 먹이가 떨어진다. 레버와 그릇 사이의 거리 때문에 레버를 누른 돼지는 먹이가 새로 나와도 두 번째로나 먹을 수 있다.

어느 돼지가 더 많이 먹을 수 있을까?

음식 이야기가 나왔으니 말인데 와인 한 잔과 함께 이번 장 마지막 와인을 소화해 보자.

025 쥐 10마리가 독이 든 와인병을 찾으려면?

당신은 병 1,000개를 물려받았다. 모든 병에는 와인이 담겨 있지만 그중 딱 1병에는 독이 들어 있다. 독이 있는지 알아내는 유일한 방법은 마셔 보는 것이지만 그렇다면 당신은 죽는다.
다행히 쥐 10마리의 도움을 받을 수 있다. 쥐가 독이나 독 섞인 와인을 마신다면 정확히 1시간 후에 죽고 그렇지 않다면 생존한다. 어떻게 하면 첫 번째 쥐가 와인을 마시기 시작한 때부터 정확히 1시간 이내에 독이 든 병을 찾아낼 수 있을까?

시간제한이 없다면 쥐 10마리로 독이 든 병을 쉽게 찾을 수 있다. 예컨대 병 1,000개를 100병씩 10세트로 나눈 뒤 쥐 1마리에게 1세트씩 맡긴다. 쥐들에게 각자 맡은 세트의 모든 와인을 조금씩 마시게 한다. 1시간 후면 1마리가 죽을 테니 이제 후보군은 그 쥐가 맡았던 100병으로 좁혀졌다. 이 100병을 다시 9세트로 나누어 남은 9마리 쥐에게 1세트씩 맡긴다. 이번에도 죽은 쥐가 맡았던 세트에 독이 든 병이 있을 것이다. 이런 식으로 계속하다 보면 비유적으로든 실제로든 술독에 빠진 쥐들이 금세 독이 든 병을 찾을 수 있다.

그러나 쥐들이 와인을 하나하나 모두 마셔 볼 필요는 없다. 다시 말해 서로 다른 와인을 섞어 동시에 콸콸 마셔도 된다는 말이다. 진탕 마시게 두어도 적어도 1마리는 살아남을 것이다.

제2장에서는 죽음을 피하는 것이 우리의 목적이다. 수수께끼를 내는 신비의 동물과 함께 최고로 유명한 그 탐험을 시작해 보자.

제2장

저는 수학자입니다, 여기서 내보내 주세요

생존 문제

맛보기 문제 2

까다로운 격자

01 3×3 격자 위에 직선을 그려 모든 칸 위로 선이 지나가도록 만들려면 최소 몇 개의 선이 필요할까? 정답은 3개 미만이다. 정답을 그려 보자.

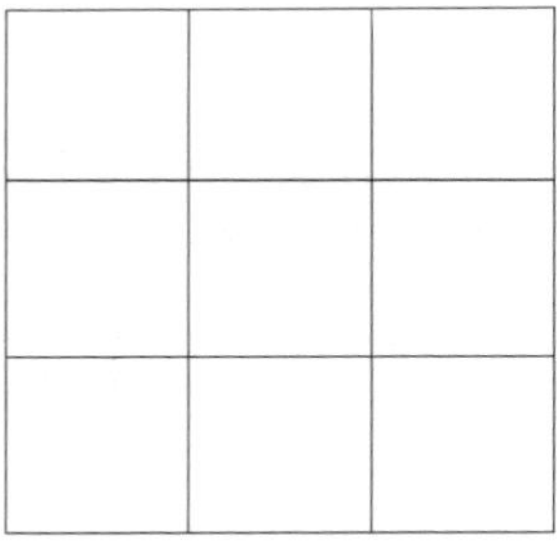

02 4×4 격자 위에 직선을 그려 모든 칸 위로 선이 지나가도록 만들려면 최소 몇 개의 선이 필요할까? 정답은 4개 미만이다. 정답을 그려 보자.

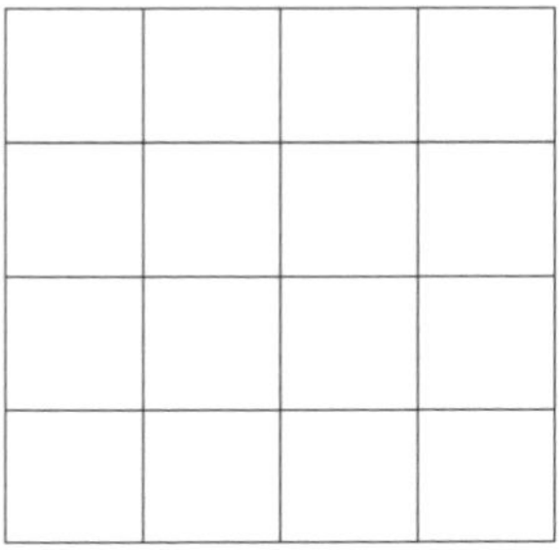

03 8×8 격자 위에 돌 5개를 올리되 9칸으로 이루어진 정사각형 안에 돌이 딱 1개씩만 들어가게 만들어 보자.

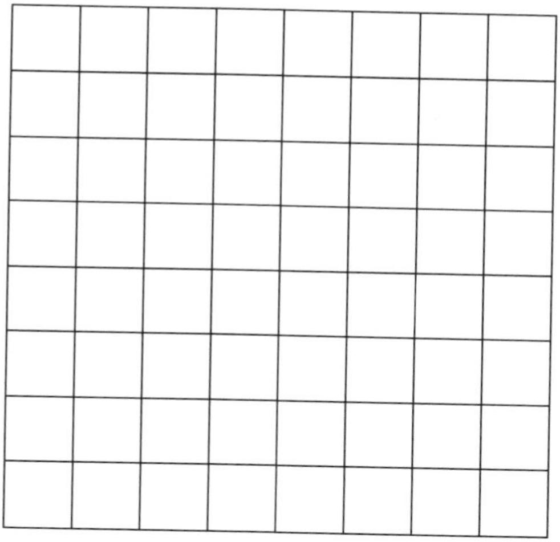

다음 문제들은 모두 다음 그림 속 점 16개를 이어 패턴을 그리는 문제다.

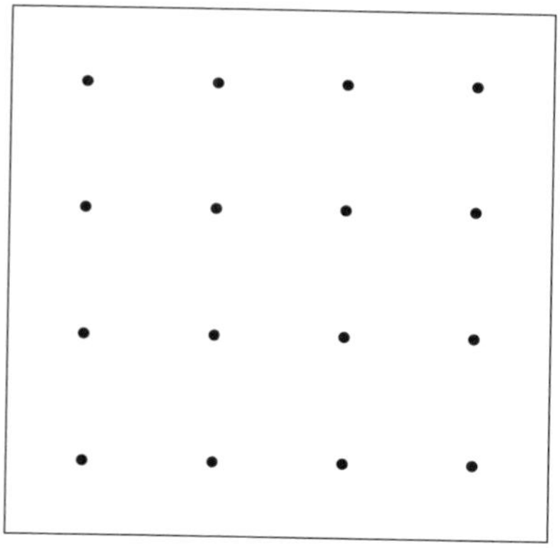

04 다각형은 모든 변이 직선으로 이루어진 도형을 가리킨다. 다음 그림에서 H 모양 다각형은 변이 12개, K 모양 다각형은 변이 13개다. 격자점 위에 변이 16개인 다각형을 그려 보자.(단, 다각형의 모든 변은 점 2개를 이어 그려야 하며 선분이 겹쳐서도 안 된다. 도형의 모양은 알파벳 모양이 아니어도 되지만 테두리가 끊어지면 안 되며 모든 점을 1번씩만 지나갈 수 있다.)

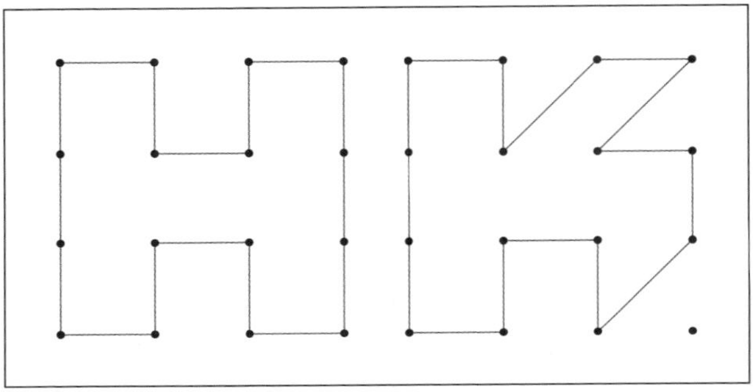

05 다음 그림은 격자점 4개를 이어 그린 정사각형 1개다. 점 4개를 이어 그릴 수 있는 정사각형 19개를 더 찾아보자.(점 4개를 이어 그릴 때 다른 점을 지나가도 괜찮다.)

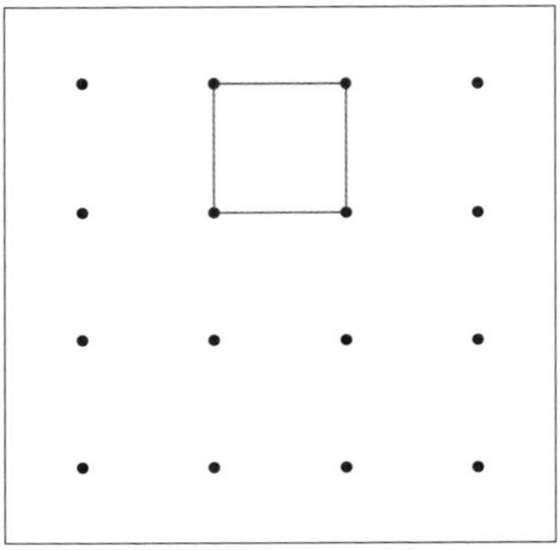

06 다음 그림은 모든 각이 예각(즉 90도 미만)이 되도록 점 14개를 선분으로 이어 그리는 방법 중 하나다. 점 16개를 모두 이어 모든 점에 선분들이 예각으로 이어지도록 만들어 보자.

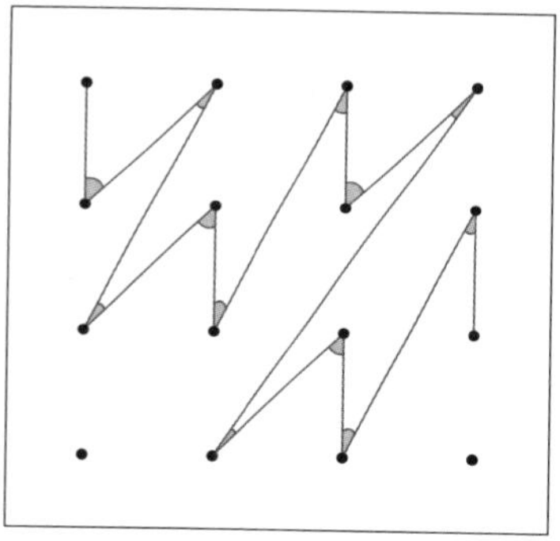

가장 유명한 고대 수수께끼에는 명성만큼 무시무시한 대가가 걸려 있었다. 문제를 틀리면 산 채로 잡아먹혔기 때문이다.

아침에는 다리가 4개, 낮에는 2개, 저녁에는 3개가 되는 것은 무엇인가? 여인의 머리에 사자의 몸을 가진 신화 속 동물 스핑크스가 테베로 향하는 여행객들에게 던졌던 수수께끼다. 이에 오이디푸스가 답했다. "사람입니다. 유아기에는 네 발로 기고, 자라나서 두 발로 걷고, 나이가 들면 지팡이를 사용하니까요." 오이디푸스는 정답을 맞힌 상으로 테베에 들어갈 자유를 얻었지만 그곳에서 자신도 모르게 아버지를 죽이고 어머니와 결혼하며 스스로 두 눈을 찔러 맹인이 된다. 스핑크스에게 틀린 답을 내놓는 편이 모두에게 좀 더 도움이 되었을지도 모르겠다.

(오이디푸스에 관한 몇몇 구전 설화에서는 스핑크스가 두 번째 문제를 냈다는 이야기도 있다. 두 자매가 있다. 하나가 다른 하나를 낳으니 둘째는 그 대가로 첫째를 낳는다. 두 자매는 누구인가? 정답은 뒤에서 공개하겠다.)

위험은 퍼즐에 매콤한 양념을 더해 준다. 이번 장에서는 재치까지 십분 동원해서 목숨을 지켜야 할 것이다. 오이디푸스가 스핑크스에게 맞섰듯이 당신 또한 못된 사형 집행인, 부패 왕정, 사악한 교도관 등과 일대일로 맞서야 한다. 당신(그리고 당신의 동료들)은 빠져나갈 수 없을 것 같은 상황, 예컨대 지하 감옥에 갇혀 있거나 배에 타고 있거나 손이 묶여 있거나 유배지를 떠돌거나 웬 이상한 감옥에 갇혀 있는 자신을 발견하게 될 것이다. 이 퀴즈들 중 몇몇은 탈출에 관한 문제고 몇몇은 생존에 관한 문제다. 그리고 모두 계획과 관련이 있다.

026 불난 섬에서 살아남으려면?

당신은 남쪽에서 북쪽으로 500미터, 서쪽에서 동쪽으로 3킬로미터 크기의 직사각형 모양 섬에 고립되었다. 섬은 사방이 드높은 절벽이고 불이 잘 붙는 메마른 숲으로 완전히 뒤덮여 있다. 바람은 늘 일정하게 서쪽에서 동쪽으로 분다. 월요일 정오, 섬의 서쪽 가장자리 전체에서 불이 났다. 불은 바람을 타고 매 시간 동쪽으로 100미터씩 번진다. 불길에 휩싸이거나 섬에서 뛰어내린다면 당신은 죽는다. 당신의 배낭에는 나침반, 계산기, 주머니칼과 성경이 들어 있다. 어떻게 하면 수요일까지 살아남을 수 있을까?

027 8톤 트럭의 핸들이 고장 났다면?

당신은 도주 차량을 타고 아무것도 없는 황무지로 향하고 있다. 그 순간 핸들이 고장 나 오른쪽으로 돌아가지 않는다는 걸 깨닫는다. 당신은 이제 직진 또는 좌회전밖에 할 수 없다.

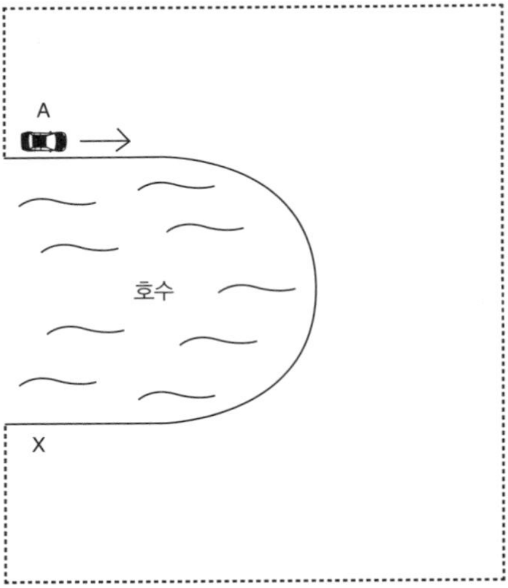

당신은 A 지점에서 화살표 방향으로 이동하고 있다. 그림에서처럼 점선으로 표시된 경계를 넘지 않으면서도 호수 반대편 X 지점에 위치한 은신처까지 차를 몰고 가려면 어떻게 해야 할까? 차를 반대로 돌리거나 차에서 내리거나 호수를 건널 수는 없다.

"퍼즐은 목숨을 구하는 데 도움이 되기 때문에 연구할 가치가 있다." 프랑스 수학자 클로드 가스파르 바셰가 1612년에 최초의 유희 수학책으로 널리 알려진《숫자로 당신을 속일 수 있는 재미있고 즐거운 문제들》(Problèmes Plaisants et Délectables Qui se Font Par Les Nombres)에서 한 말이다. 그는 또한 생사가 달린 온갖 상황에서도 유희 퍼즐이 도움이 될 수 있으므로 이를 무시했다가는 큰코다칠 수 있다고도 했다.

유대인 학자이자 67년 욥바 포위 공격 당시 동굴에 숨었던 이들 중 1명인 플라비우스 요세푸스를 예로 살펴보자. 바셰의 설명에 따르면 동굴에 숨었던 이들은 적군의 손에 죽느니 차라리 자살하기로 결정했다. 그러자 요세푸스가 나서서 다 같이 자살할 수 있는 '공정한' 계획을 제안했다. 모든 사람이 동그랗게 모여 선 뒤 순서를 세어 정해진 순번의 사람을 죽이고, 또 순서를 세어 이전과 동일한 순번의 사람을 죽여서 누구도 남지 않을 때까지 이 행위를 계속 반복하자는 계획이었다. 요세푸스의 아량 넓은 제안은 사실 자신의 안전을 보장하기 위해 수학적 기지를 발휘하여 역설계한 것이었다. 바셰는 "요세푸스는 자신부터 시작하여 순서를 세자고 할 수 있었고 마지막까지 살육이 계속되더라도 스스로는 살아남거나 자신이 가장 신뢰하는 친구 두세 명까지 살릴 수 있었을 것이다."라고 말했다.

요세푸스가 포위 공격에서 살아남기 위해 실제로 이런 방법을 사용했다는 명백한 증거는 남아 있지 않지만, 이처럼 순서를 세어 하나씩 제거하는 퍼즐을 '요세푸스 문제'라고 한다. 이 퍼즐들은 르네상스 시대에 큰 인기를 끌었던 유희 퍼즐 중 한 종류며, 처형을 피하는 것이 목표인 퍼즐 중에서 가장 먼저 유명해졌다. 바셰는 자신의 책에서 요세푸스 문제의 가장 일반적인 응용 버전을 소개했다. 배에 30명이 타고 있으며 이 중 절반을 바다로 던져야 한다. 그리고 당신은 바다에 빠뜨려야 할 15명을 알고 있다. 매번 아홉 번째 사람을 바다에 빠뜨린다고 했을 때 사람들을 어떤 순서로 동그랗게 세워야 당신이 원하는 15명이 불려 나갈 수 있을까? 해답은 바셰가 남긴 구절 'Mort, tu ne falliras pas, En me livrant le trépas!'(죽음이여, 자네 나에게 틀림없이 종말을 가져다주리니!) 속에도 숨어 있다. 문제를 풀 수 있겠는가? 정답은 뒤에서 공개하겠다.

여기 갑판 위 10명과 함께하는 좀 더 쉬운 문제도 있다.

028 해적으로부터 인질들을 구하려면?

해적들이 영국인 선원 5명과 프랑스인 선원 5명을 붙잡았다. 해적 선장은 포로 중 5명을 바다에 빠뜨리기로 결정했다. 선원들은 다음과 같은 순서로 동그랗게 서 있다. F는 프랑스인, B는 영국인이다.

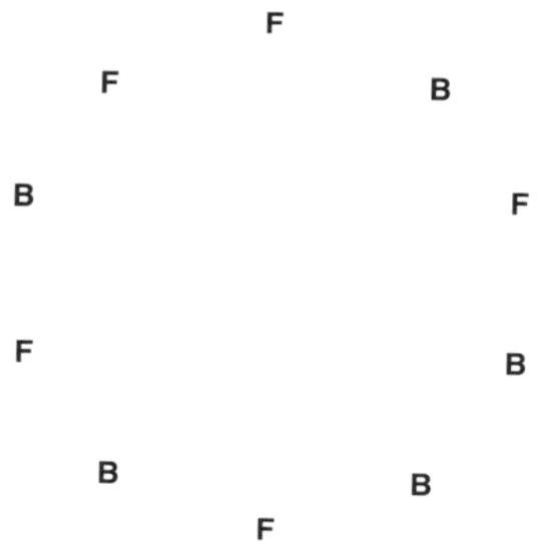

해적 선장은 a번째 자리에 선 임의의 선원을 기준으로 시계 방향으로 b번째 순서의 선원을 택한다. 그렇게 선택한 첫 5명은 살려 주고 나머지 5명을 바다에 던져 버리기로 했다. 영국인 선원 5명을 구하기 위한 a, b는 무엇일까?
프랑스인 선원 5명을 구하기 위한 a, b는 무엇일까?

프랑스인 선원이 서 있는 12시 방향을 1번 자리라 하고 나머지는 1번에서 시계 방향으로 번호를 붙인다고 하자.

(단, 이번 판에서 선택받은 사람은 그다음 판부터 빠진다는 점을 명심해라.)

서양의 거의 모든 요세푸스 문제에는 물에 빠져 죽는 사람들이 등장한다. 반면 일본에서 요세푸스 문제는 교만에 관한 우화로 거듭났다. 어느 농부에게 첫째 부인과 둘째 부인 그리고 그들이 낳은 자식들이 있었다. 누가 농부의 재산을 물려받을지를 결정하기 위해 자식들은 원을 그려 선 뒤 순서를 셌고 그때마다 매번 열 번째 사람을 제외하여 마지막 남은 1명이 모든 재산을 상속받기로 했다. 한 부인이 자신의 자식을 상속자로 만들 요량으로 순서를 세기 시작했으나 너무 자만했던 탓에 실수를 했고 결국 자기 아이들을 모두 제외했다.

아직도 스핑크스의 두 번째 수수께끼를 생각하고 있는가? 두 자매가 있다. 하나가 다른 하나를 낳으니 둘째는 그 대가로 첫째를 낳는다. 두 자매는 누구인가? 정답은 낮과 밤이다. 지구가 태양 주변을 돌 때 낮과 밤도 끝없이 서로가 서로를 대신한다.

029 지하 감옥에서 탈출하려면?

[1] 당신은 지하 감옥에 갇혀 있다. 문 옆에는 각각 검은색, 흰색, 빨간색 상자가 놓여 있다. 상자 위에는 각각 다음과 같은 말이 써 있다.

검은색	흰색	빨간색
열쇠는 이 안에 있다.	열쇠는 이 안에 없다.	열쇠는 검은색 상자 안에 없다.

상자들 옆에는 다음과 같은 말도 적혀 있다. '상자에 적힌 말 중 진실은 하나뿐이다.' 단 하나의 상자만 열어 볼 수 있다면 당신은 열쇠를 찾기 위해 무엇을 열어 볼 것인가?

[2] 이제 열쇠를 찾았다고 해 보자. 문이 열렸지만 또 다른 지하 감옥으로 연결되고 이곳에도 상자 3개가 있다.

검은색	흰색	빨간색
열쇠는 흰색 상자 안에 없다.	열쇠는 이 상자 안에 없다.	열쇠는 이 상자 안에 있다.

이 상자들 옆에도 다음의 말이 적혀 있다. '상자에 적힌 말 중 적어도 하나가 진실이고 적어도 하나가 거짓이다.' 단 하나의 상자만 열어 볼 수 있다면 당신은 열쇠를 찾기 위해 무엇을 선택할 것인가?

이제 상자 안 열쇠에서 자물쇠 달린 상자로 넘어가 보자.

030 안전하게 반지를 배송하려면?

당신은 사랑하는 사람에게 택배로 반지를 보내려 하지만 택배 회사는 택배를 열어 귀중품을 훔쳐 가기로 악명이 높다. 반지를 안전하게 보내려면 상자에 자물쇠를 걸어야 하며, 상자에는 다음 그림과 같이 자물쇠를 걸 수 있는 구멍이 5개 있다.(어디에 자물쇠를 걸어도 상자는 단단히 잠긴다.) 당신과 당신의 연인은 각각 자물쇠를 5개씩 갖고 있다. 자신이 가진 자물쇠의 열쇠는 가지고 있지만 상대방 자물쇠의 열쇠는 가지고 있지 않다.
택배를 보내는 데 돈을 무한정 쓸 수 있다면 사랑하는 사람에게 무사히 반지를 보낼 방법은 무엇일까?

퍼즐 풀기는 자물쇠를 푸는 일과 비슷하다. 다음 퍼즐은 말 그대로 그렇다.

031 자물쇠 비밀번호를 풀려면?

이 자물쇠의 비밀번호는 3자리다. 다음 단서들을 통해 비밀번호를 추론해 보자.

6	8	2
6	4	5
2	0	6
7	3	8
7	8	0

[6 8 2] : 숫자 1개가 맞으며 올바른 자리에 있다.

[6 4 5] : 숫자 1개가 맞지만 틀린 자리에 있다.

[2 0 6] : 숫자 2개가 맞지만 틀린 자리에 있다.

[7 3 8] : 숫자가 모두 틀렸다.

[7 8 0] : 숫자 1개가 맞지만 틀린 자리에 있다.

032 비밀번호를 무조건 맞히려면?

도어 록의 비밀번호는 총 7자리이며 겹치는 숫자는 없다. 즉 0123456은 비밀번호가 될 수 있지만 0123455는 될 수 없다. 서로 다른 7개 숫자로 이루어진 7자리 비밀번호 중 1자리라도 실제 비밀번호와 같은 수를 입력하면 문이 열린다. 예를 들어 실제 비밀번호가 0123456이고 당신이 0234567을 입력했다면 이 경우 모두 첫 자리에 0이 있으므로 문이 열린다.

무조건 문을 열 수 있다고 장담하는 것은 최소 몇 번일까?

033 모든 버튼에 전원이 들어오려면?

당신은 밀실에 갇혀 있다. 문에는 다음 그림과 같은 원판이 붙어 있으며, 그 위에는 역시 똑같이 생긴 버튼 2개가 있다. 버튼을 눌러 각각 전원을 켜고 끌 수 있지만 전원이 켜졌는지 혹은 꺼졌는지를 확인할 방법은 없다.

문을 열려면 두 버튼 전원을 모두 켜야 한다. 당신은 모든 시도에서 두 버튼 중 1개만 누르거나 2개를 동시에 누를 수 있다. 1번 시도했으나 문이 열리지 않는다면 원판이 빙글빙글 돌아가며 멈추었을 때는 어느 게 어느 버튼이었는지 알 수 없다.
3번 이내로 시도해 문을 열려면 어떻게 해야 할까?

만일 문제가 너무 쉬웠다면 이번에는 버튼 4개가 동서남북 방향으로 달렸다고 생각하고 문제를 풀어 보자. 문을 열려면 모든 버튼의 전원을 켜야 한다. 당신은 모든 시도에서 1번에 버튼 1개, 2개, 3개 혹은 4개를 누를 수 있다. 문이 열리지 않았다면 원판이 돌아가며 멈추었을 때는 어떤 게 어느 버튼이었는지 알 수 없다. 어떤 전략을 취해야 밀실에서 나갈 수 있을까?(정답은 뒤에서 확인할 수 있다.)

오래 혼자 있었으니 이제는 다른 사람들을 만나 보자.

034 의심 많은 3명이 금고를 지키려면?

은행장 3명이 서로를 너무 믿지 못한 나머지 다음과 같은 자물쇠와 열쇠 시스템을 이용해 은행 금고를 지키기로 합의했다.

- **셋 중 1명 혼자서는 금고를 열 수 없다.**
- **셋 중 2명의 열쇠를 모은다면 금고를 열 수 있다.**

금고를 열려면 최소 몇 개의 자물쇠와 열쇠가 필요하며, 이를 은행장들에게 어떻게 나눠줘야 할까?

서로를 믿지 못하는 직장 동료 3명은 아무것도 공유하지 않고서 정보를 추출하는 방법에 관한 멋진 퍼즐에도 등장한다. 직장인 3명이 각자의 연봉을 공개하지 않고 서로의 평균 연봉을 구할 수 있는 방법은 무엇일까?(정답은 뒤에서 확인할 수 있다.) 이제 이와 비슷하면서 문신이 조금 더 등장하는 문제를 살펴보자.

035 숫자 암호로 같은 조직임을 확인하려면?

모든 조직폭력배에게는 각각 숫자 암호가 있으며, 조직원이 자신과 같은 소속의 동료를 알아볼 수 있는 유일한 방법은 이 암호를 확인하는 것뿐이다.
당신은 감옥살이를 시작했다. 감방 동료 1명이 다가와 같은 조직 소속임을 주장하지만 당신은 어쩐지 의심이 간다. 당신은 이 감방 동료가 라이벌 조직 소속일 경우를 대비해 암호를 밝히지 않을 계획이며, 같은 이유로 상대도 자신의 암호를 밝히지 않을 것이다.
또 다른 죄수, 래그가 다가와 대화에 끼어든다. 그는 두 사람 모두 자신에게 어떤 이야기를 해도 좋고 어떤 질문을 해도 좋다고 말하면서 자신은 모든 질문에 한 사람에게만 조용히 진실을 말해 줄 것이라고 한다.(래그 또한 조심스러운 사람이라 당신과 감방 동료 사이의 대화를 엿듣지는 않을 것이다.)
감방 동료와 당신 모두 암호를 서로에게 또 래그에게 밝히지 않으면서 서로가 같은 조직인지 아닌지를 밝혀내려면 어떻게 해야 할까?

클로드 가스파르 바셰가 1612년 쓴《숫자로 당신을 속일 수 있는 재미있고 즐거운 문제들》이래로 가장 위대한 퍼즐 책은 프랑스 자크 오자낭이 수학, 물리학, 마술 트릭을 담아 쓴《유희 수학 및 물리학》(Récréations

Mathématiques et Physiques)이다. 1723년 출판된 제2판에는 다음의 실내 게임이 실려 있다.

036 몸을 뒤틀지 않고 꼬인 끈을 풀려면?

두 사람이 다음 그림과 같이 손목에 묶인 끈 2개로 엮여 있다.

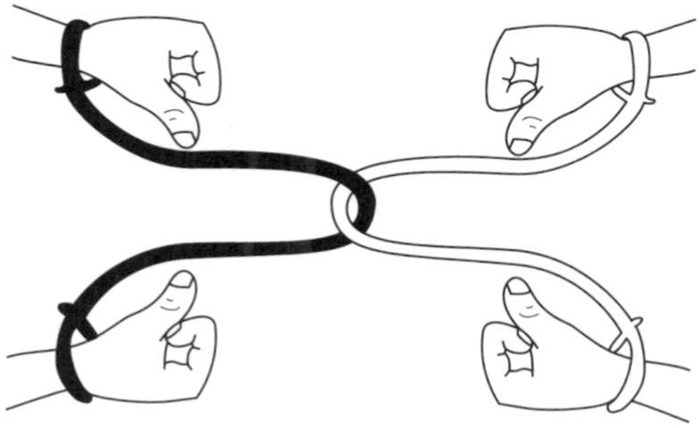

손목을 빼내거나 끈을 자르지 않고 이를 풀어내려면 어떻게 해야 할까?

친구와 함께 도전해 보자. 아니면 내가 1950년대 마술 책에서 발견한 조언 하나를 따라 해 보면 어떨까? 파티에 갈 일이 있다면 사람들을 둘씩 짝

지어 그림처럼 손목을 묶은 뒤 가장 먼저 풀어내는 커플에게 상을 주는 것이다. 마술 책은 사람들이 꼬인 끈에서 벗어나고자 '놀라울 만큼 몸을 뒤틀어 대겠지만 소용없을 것'이라고 장담한다.

마술은 불가능해 보이는 일을 해내는 예술이며 대개 수학을 활용해 착각을 일으키는 경우가 많다. 꼬인 끈 풀기 퍼즐에서 사용한 트릭은 위상 수학으로 설명할 수 있다. 기하학의 일종인 위상 수학은 물체를 늘리거나 줄여도 변하지 않는 특성들을 다룬다. 또한 고리 형태의 물체라면 크기나 재료에 관계없이 모두 동일한 물체로 본다. 예를 들어 당신이 끼고 있는 금은 반지는 위상 수학에서 훌라후프와 동일한 물체다. 고리 2개가 엮여 있다면 하나를 자르지 않고서는 고리들을 풀 수 없다.

꼬인 끈 풀기 문제는 서로 엮인 고리 2개를 풀어내는 것처럼 보인다. 그러나 사실 그렇지 않다는 것을 깨닫는 것이 이 문제를 해결하는 길이다.

주변에 문제를 같이 풀 사람이 없다면 이번에는 혼자서도 즐길 수 있는 위상 수학 파티를 찾아가 보자.

037 지퍼 안쪽이 보이도록 바지를 입으려면?

다음 그림처럼 1미터 길이의 밧줄을 양 발목에 묶는다. 밧줄을 자르거나 매듭을 풀지 않은 채 바지를 벗은 뒤 지퍼 안쪽이 앞으로 나오도록 뒤집어 입을 수 있을까?

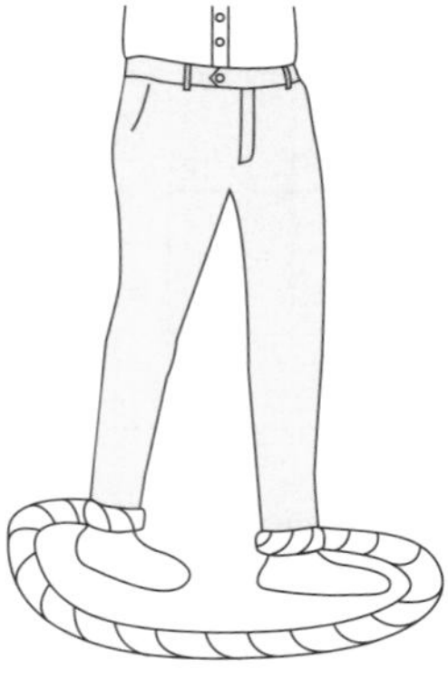

탈출 게임의 정석이 있다면 (바지를 제대로 입은 채 하는) 미로 출구 찾기일 것이다. 다음 퍼즐을 풀기 위해 미로 안으로 들어가 보자.

038 거대한 미로 속 직사각형 넓이는?

조각들을 이용해서 색칠한 면적의 넓이를 구해 보자.

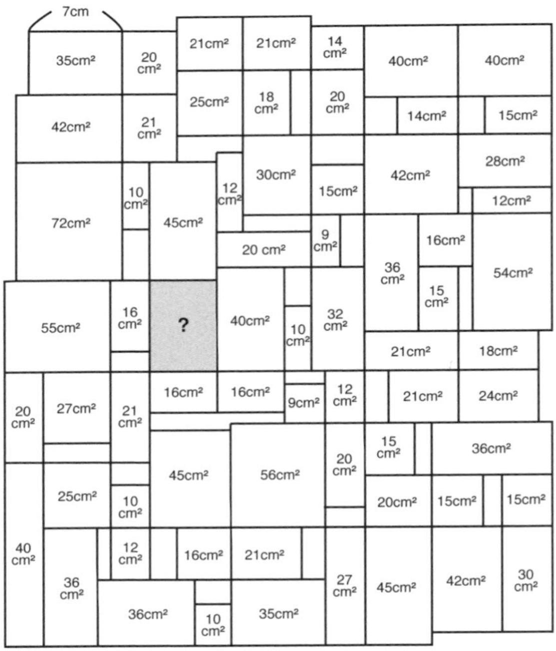

일본의 퍼즐 제작자 이나바 나오키가 만든 이 퍼즐을 풀려면 직사각형 넓이가 가로와 세로의 길이를 곱한 값이라는 점만 알고 있으면 된다. 함께 시작해 보자. 왼쪽 맨 위의 사각형은 넓이가 35제곱센티미터이고 가로가 7센티미터이므로 세로는 5센티미터임을 추론할 수 있다. 그러므로 바로 오른쪽 옆에 위치한 20제곱센티미터 넓이의 사각형은 각 변이 5센티미터와 4센티미터이며, 그 바로 아래의 21제곱센티미터 넓이 사각형 역시 가로가 4센티미터임을 알 수 있다.

같은 식으로 거의 모든 직사각형을 거쳐야 색칠한 면적에 이를 수 있을 것이다.

이제 미로에 빠졌으니 탈출할 길을 찾아보자.

039 화살표 미로에서 탈출하려면?

다음 미로에는 8×8 격자의 칸마다 상하좌우를 가리키는 화살표가 그려져 있다. 당신은 왼쪽 맨 위 칸에 갇혀 있으며, 오른쪽 맨 아래 칸이 미로에서 빠져나갈 유일한 출구다.

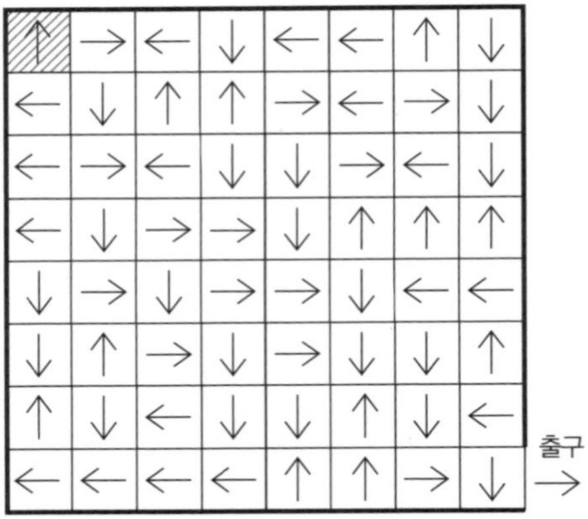

미로 규칙에 따르면 당신은 어느 칸에서든 화살표 방향대로 1칸씩만 움직일 수 있다. 다시 말하자면 화살표 방향의 바로 옆 칸으로 이동하는 것이다. 그런데 새로운 칸으로 들어가고 나면 바로 직전 칸의 화살표가 시계 방향으로 90도 돌아간다. 또 격자 바깥을 가

리키는 칸에 도달하면 그 칸의 화살표가 시계 방향으로 90도 돌아간다. 단, 맨 마지막 줄 오른쪽 끝 칸에서 바깥을 가리키는 화살표를 만난다면 미로 탈출에 성공한 것이다. 미로에서 나갈 수 있을까?

시작해 보자. 왼쪽 맨 위 칸의 화살표는 위를 가리키고 있다. 밖으로 나갈 수는 없으므로 그 칸의 화살표가 시계 방향으로 90도 돌아가 오른쪽을 가리키게 된다. 바로 옆 칸으로 이동하여 오른쪽을 가리키는 화살표와 만난다.

이런 식으로 미로에서 탈출할 수 있는지를 밝혀낼 때까지 계속해서 그림 속 화살표를 따라가 볼 수도 있다. 하지만 그랬다가는 분명 정말 짜증 나고 재미없는 퍼즐이라고 투덜거릴 것이다. 지금까지 지나온 칸들의 새롭게 바뀐 화살표 방향을 모두 기억해야 하기 때문이다. 그러니 화살표를 따라가거나 어떤 길을 쫓아가지 않는 편을 추천한다.

그 대신 이 격자가 훨씬 더 컸다면, 예컨대 가로세로 각각 1,000,000칸이었다면, 그리고 화살표의 원래 방향을 모른다면 이제 어떤 일이 벌어질지 생각해 보자. 어떻게 될까?

040 교도관 모두가 교도소 규정을 지키려면?

어느 교도소에서 교도관 24명이 3명씩 팀을 이루어 다음 그림과 같이 9명이 한 면씩 감옥을 지키고 있다.

교도소 규정에 따르자면 항상 감옥의 사방을 한 면씩 정확히 9명이 지켜야 한다. 그러나

[1] 월요일 밤, 교도관 4명이 몰래 술집에 간다.
[2] 화요일 밤, 교도관 24명에 추가로 4명이 합류한다.
[3] 수요일 밤, 교도관 24명에 추가로 8명이 합류한다.
[4] 목요일 밤, 교도관 24명에 추가로 12명이 합류한다.
[5] 금요일 밤, 교도관 6명이 몰래 영화관에 간다.

교도관들은 교도소 규정을 어긴 적이 없다. 이유가 뭘까?

041 어떤 봉투를 골라야 살아남을까?

당신은 왕 앞에 무릎을 꿇고 앉아 있고 왕은 커다란 벽난로 앞 집무실 책상에 앉아 있다. 왕이 말한다. "자네는 오늘 자네의 운명을 알게 될 것이다. 사형을 당할 수도 있고 자유의 몸이 될 수도 있지." 그러고는 책상에 놓인 봉투들을 가리킨다. "한 봉투에는 '죽음'이, 다른 봉투에는 '사면'이 적힌 종이가 들어 있다. 하나를 골라 펼쳐 보아라. 그 단어가 자네의 운명이 될 것이다."

당신이 어느 봉투를 고를지 고심하는 동안 한 신하가 당신에게 귓속말로 모든 봉투에 '죽음'이 들어 있다고 알려 준다.

신하의 말이 참이라면 어떤 전략을 취해야 살아남을 수 있을까?

042 1부터 100까지 숫자 중 빠진 것을 찾으려면?

당신은 어느 섬에 갇혀 있다. 부패한 왕실은 다음의 숫자 시험을 통과해야만 당신을 풀어 주겠다고 한다. "1부터 100까지 단 하나를 제외한 모든 숫자를 읽어 줄 테니 내가 빠뜨린 숫자 하나를 맞혀 보아라." 여왕이 말한다. "숫자 99개를 무작위 순서로 2초에 1개씩 읽는다. 숫자는 1번씩만 읽을 것이다. 너는 연필도 종이도 쓸 수 없으며 내 말을 녹음할 수도 없다."
기억력이 좋지 않은 당신은 숫자를 모두 외우지 못하는 대신 산수는 정말 잘한다. 빠진 숫자를 간단하게 찾으려면 어떻게 해야 할까?

답을 찾았다고 해 보자. 1부터 100까지 숫자를 이용한 퍼즐을 굉장히 좋아하는 여왕이 이번에는 동료 죄수와 퍼즐 대결을 붙인다.

043 100 만들기에 먼저 실패하려면?

당신이 감방 동료를 상대로 1부터 10까지 숫자 중 차례대로 하나씩 말하는 게임을 한다. 나오는 숫자를 모두 더할 때 100에 먼저 도달하는 사람이 지는 게임이다.
"8." 동료가 먼저 말한다.
"3." 당신이 답한다.
"4." 동료가 말한다.
어떤 전략을 취해야 승리를 장담할 수 있을까?

퍼즐에 등장하는 섬에는 대개 특이한 행동을 보이는 주민들이 살고 있다. 이번에는 적어도 1950년대부터 여행객들이 찾았던 섬을 방문해 보자.

044 갈림길에서 맞는 길을 선택하려면?

당신이 있는 섬에는 두 부족이 살고 있다. 한 부족 사람들은 늘 진실만을 말한다. 다른 부족 사람들은 늘 거짓말만 한다. 당신은 갈림길에 서 있다. 한쪽은 공항으로 한쪽은 바닷가로 가는 길이다. 근처에서 주민을 1명 발견했지만 어느 부족 사람인지는 알 수 없다.
당신은 공항으로 가는 길을 찾기 위해 질문을 단 1개만 던질 수 있다.
어떤 질문을 해야 할까?

이번 문제는 해결이 불가능해 보인다. 사람들은 직관적으로 진실을 말하는 사람과 거짓말을 하는 사람이 같은 질문에 대해서 늘 상반된 대답을 할 거라고 생각하기 때문이다. 예를 들어 당신이 한쪽 길을 가리키면서 주민에게 이 길이 공항으로 가는 길이 맞느냐고 물어보면, 그가 어느 부족 사람인지에 따라 대답이 달라질 것이다. 그리고 진실을 말하는 사람은 거짓말을 하는 사람과 반대로 대답할 것이다. 전자가 그렇다고 답한다면 후자가 아니라고 답할 테고 반대도 마찬가지다.

그러나 거짓말만 하는 사람도 진실을 말하도록 만드는 질문들이 있다. 핵심은 거짓말쟁이가 스스로 한 거짓말에 다시 거짓말을 하게 만드는 것이다. 어떤 질문에 대해서 어떻게 대답했을지를 물어라.

045 어쩌고저쩌고? 그렇다? 아니다?

당신이 있는 섬에는 두 부족이 살고 있다. 한 부족 사람들은 늘 진실만을 말한다. 다른 부족 사람들은 늘 거짓말만 한다. 당신은 갈림길에 서 있다. 한쪽은 공항으로 한쪽은 바닷가로 가는 길이다. 근처에서 주민을 1명 발견했지만 어느 부족 사람인지는 알 수 없다.
당신은 어느 길이 공항으로 가는 길인지 물어보고 싶지만 주민 모두 영어를 이해하긴 해도 영어로 대답하지 못하기 때문에 곤란하다. 그 대신 주민들은 영어 질문을 들으면 '어쩌고' 혹은 '저쩌고'라고 대답한다. 이 지역 언어로 '그렇다', '아니다'라는 건 알겠지만 어떤 것이 '그렇다'인지 '아니다'인지는 알 수가 없다.
주민에게 어떤 질문을 해야 공항으로 가는 길을 알아낼 수 있을까?

앞서 살펴본 문제와 마찬가지로 당신의 목적은 이 주민이 거짓말쟁이인지 아닌지를 알아보는 것이 아니고, '어쩌고' 혹은 '저쩌고'가 어떤 의미인지를 알아내는 것도 아니다. 그저 이 섬을 떠나고 싶을 뿐이다.

레이먼드 스뮐리얀은 20세기 최고의 논리 퍼즐 제작자다. 진실을 말하는 사람과 거짓말쟁이가 사는 섬은 그가 만든 수많은 퍼즐에 등장한다.

다음 퍼즐 또한 그가 만든 퍼즐이자 '강제 논리'(coercive logic)라고 부르는 논리의 전형이다. 논리를 이용해 누군가를 의도와는 정반대로 행동하도록 강제하는 개념이기 때문이다.

046 사형수의 목숨을 살려 주려면?

내일은 당신의 사형 집행일이다. 사형 집행인은 당신에게 마지막 부탁이 있는지 물었다.
"하나 여쭤보고 싶은 게 있습니다. 제 질문에 '그렇다.' 또는 '아니다.'로 대답해 주시되 진실만을 말해 주세요."
집행인은 당신이 그토록 간단명료한 부탁을 한 데 안심하고 놀라기까지 한 눈치다. 그는 절대 진실만을 말하겠다고 약속한다.

[1] 집행인에게 어떤 질문을 해야 그가 '그렇다.'라고 대답하고 당신의 목숨을 살려 줄까?
[2] 집행인에게 어떤 질문을 해야 그가 '아니다.'라고 대답하고 당신의 목숨을 살려 줄까?

앞서 갈림길 문제의 해결책은 거짓말쟁이가 자신의 거짓말에 대해 거짓말을 하려다 보니 의도치 않게 진실을 말하게 된다는 점에 바탕을 두고 있다. 반면 이번 사형 집행인 문제는 늘 진실을 말하려다 보니 의도치 않게 하게 될 일에 관한 것이다.

이제 1번 문제에 대한 정답을 알려 줄 테니 혼자 풀어 보고 싶다면 여기서부터는 그만 읽어도 좋다.

이런 종류의 논리 문제는 참 아리송해서 어디에서부터 시작해야 할지 감을 잡기도 쉽지 않다. 여기서 정답을 설명하는 이유는 당신이 문제를 풀든 못 풀든 상관없이 이 영리하고 우아한 해결책을 음미해 보길 원하기 때문이다.

1번 문제를 해결해 줄 질문은 다음과 같다.

"당신은 제 질문에 '그렇다.'라고 대답하거나 저를 살려 주실 건가요?"

이렇게 물어본다면 집행인은 "아니다."라고 대답하고 당신을 살려 줄 수밖에 없다. 이를 이해하기 위해 질문을 쪼개 보자. 앞의 질문은 다음 2가지 명제 중 하나가 참인지를 묻는 질문이다.

[1] 집행인이 당신의 질문에 '아니다.'라고 대답한다.

[2] 집행인이 당신을 살려 준다.

만약 집행인이 '아니다.'라고 대답한다면(즉 모든 명제가 거짓이라고 답한다면) 집행인은 거짓말을 하는 셈이다. 두 명제 중 하나, 즉 첫 번째 명제가 참이 되기 때문이다. 이 대답에는 자기모순이 있다. 거짓말을 하지 않고서는 '아니다.'라고 말할 수 없기 때문에 집행인은 '그렇다.'라고 대답해야만 한다.

반면 집행인이 '그렇다.'라고 대답한다면 위의 두 명제 중 하나가 참이라는 뜻이다. 집행인이 '아니다.'라고 대답하지 않았으므로 첫 번째 명제는 참이 될 수 없다. 따라서 두 번째 명제가 참이어야만 하며 이로써 집행인은 당신의 목숨을 살려 줄 것이다.

아직 뇌가 과부하에 걸리지 않았다면 2번 문제도 풀어 보자.

명제가 참인지 거짓인지 따져 보는 퍼즐들은 19세기부터 존재했으며 특히 지난 수십 년간 컴퓨터 공학이 발전하면서 더욱 중요해졌다. 모든 프로그래밍 언어는 기초적인 수준에서 진릿값 논리에 기대고 있다.

21세기 초, 컴퓨터과학 박사 연구실에서 등장한 퍼즐 하나가 커다란 관심을 모았다. 이 퍼즐은 놀라운 결과를 밝혀냈을 뿐만 아니라 실제로 중요하게 활용되기도 했다. 최신 연구에 등장한 간단한 문제 하나가 수학계 전체의 상상력을 자극할 수 있음을 보여 준 훌륭한 사례다. 이를 살펴보기에 앞서 우선 몸풀기 퍼즐을 살펴보자.

047 빨간 모자일까 파란 모자일까?

감방 안에 죄수 2명이 있다. 교도관이 그들에게 게임을 시킨다. 둘은 각자 빨간색 또는 파란색 모자를 쓰며 모자 색은 동전 뒤집기로 정한다. 죄수들은 상대방 모자를 볼 수 있지만 자신의 모자는 볼 수 없다.
죄수들은 서로의 모자를 확인한 후 자신의 모자 색을 맞혀야 한다. 둘 중 1명이라도 맞게 추측한다면 모두 풀려난다.
죄수들은 게임을 시작하기에 앞서 전략을 논의할 수 있지만 모자를 쓰고 난 뒤에는 모든 의사소통이 금지된다.
이들이 자유의 몸이 되려면 어떤 전략을 써야 할까?

만약 죄수 한 사람이 자신의 모자 색을 맞히는 게임이라면 불가능한 도전이 되었을 것이다. 모자가 빨간색일 확률과 파란색일 확률이 같으므로 이 죄수가 색을 맞힐 확률은 50퍼센트다. 그러나 두 번째 플레이어가 있다면 둘 중 하나라도 정답을 맞힐 확률은 100퍼센트로 늘어난다. 올바른 전략만 있다면 말이다.

1998년 캘리포니아 대학교 컴퓨터과학과 박사 과정 학생이었던 토드 이버트가 앞선 퍼즐의 응용 버전을 자신의 박사 논문에 실었다. 죄수를 3명으로 늘린 버전이었다. 이 문제는 이후 수년 동안 전 세계에서 논의되었으며 이에 관한 논쟁은 심지어 〈뉴욕 타임스〉 지면에 실리기까지 했다. 보너스 문제로 여기서도 살펴보자.

기본 설정은 같다. 감방 안에 죄수 3명이 있다. 교도관이 그들에게 게임을 시킨다. 각자 빨간색 또는 파란색 모자를 쓰되 모자의 색은 동전 뒤집기로 정한다. 죄수들은 상대 모자를 볼 수 있지만 자신의 모자는 볼 수 없다.

여기서 문제가 약간 달라진다. 서로의 모자를 확인한 죄수들 중 적어도 1명은 자신의 모자 색을 맞춰야 한다. 추측이 틀리기라도 하면 3명 모두 처형된다.

다시 말해 2명까지는 입을 다물고 아무런 추측도 내놓지 않을 수 있다. 하지만 적어도 1명은 자신의 의견을 내놓아야 하고 옳게 추측해야 한다. 그 추측이 틀리지 않아야만 3명 모두 살 수 있다.

이전과 마찬가지로 죄수들은 무엇을 할지 미리 논의할 수 있지만 모자를 쓰고 난 뒤에는 절대 소통할 수 없다. 확실한 전략 중 하나는 죄수들끼리 추측을 내놓을 한 사람을 정한 뒤 나머지 두 사람이 입을 닫는 것이다. 이 전략을 취한다면 죄수의 추측이 맞을 확률이 절반이므로 생존 확률 또한 50퍼센트다. 실제로 이 퍼즐이 처음 등장했을 당시 대부분 수학자는 생존 확률이 50퍼센트 이상을 넘지 못하리라고 예상했다.

그러나 놀랍게도 생존 확률 75퍼센트를 보장하는 전략이 있다.(정답은 뒤에서 볼 수 있다.) 만일 게임에 참여하는 죄수를 16명까지 늘린다면 더욱 놀라운 결과가 도출된다. 생존 확률이 90퍼센트 이상으로 높아지기 때문이다. 이 퍼즐은 입소문을 타고 언론에까지 퍼져 인터넷에서 유행한 최초의 퍼즐이 되었다.

좋은 퍼즐은 컴퓨터과학 부문의 강력한 아이디어들을 멋지게 조명한다. 예를 들어 모자 문제의 일반적인 해법은 1950년대 통신 부문에서 개발한 오류 검출 코드인 해밍 코드의 수학을 이용한다. 한편 보이어-무어 과반수 투표 알고리즘은 컴퓨터 메모리를 거의 사용하지 않고도 정보를 기억하는 천재적인 방법으로 다음 문제를 해결하는 데 이용된다.

048 메이저리티 리포트와 이름 기억하기?

감옥의 교도관이 기나긴 이름 목록을 읽어 내려간다. 몇몇 이름은 1번 이상 불린다. 사실 어떤 이름은 다른 이름을 모두 합친 횟수보다 더 많이 불린다.(다시 말해 전체 횟수 가운데 50퍼센트 이상이다.) 만약 이 '과반수 이름'을 밝혀낼 수 있다면 당신은 풀려난다.

당신은 연필이나 종이를 쓸 수 없으므로 이름이 불린 횟수를 모두 계산할 수 없다. 또한 당신은 머리를 다친 적이 있어서 이름을 1개 이상 기억할 수 없다. 즉 이름 하나를 들으면 그 이름을 기억할지 말지 선택할 수 있지만, 기억하기로 한다면 그 즉시 앞서 기억했던 이름은 잊어버리는 것이다. 혹은 새 이름을 기억하지 않기로 하고 앞서 기억했던 이름을 계속 기억할 수도 있다.

다행히 교도관이 0부터 시작하는 계수기를 써도 좋다고 허락해 주었다. 당신은 버튼을 클릭해 카운트한 숫자를 마음대로 올리거나 내릴 수 있다.

어떤 전략을 취해야 과반수 이름을 찾을 수 있을까? 어떤 전략을 취하기로 결정했다면 교도관이 이름을 부르기 시작해도 전략을 잊지 않는다고 가정한다.

만일 이름 목록에 등장하는 이름이 단 2개, 예컨대 스미스와 존스뿐이라면 가능한 전략 중 하나는 스미스가 나올 때 계수기 카운트를 올리고 존스가 나올 때 카운트를 내리는 방법이다. 모든 이름이 불렸을 때 스미스가 더 많이 불렸다면 계수기 카운트가 양수일 테고 존스가 더 많이 불렸다면 음수일 것이다.

이름이 3개 이상이라면 전략은 조금 더 복잡해진다. 이름 하나에 카운트를 올리고 다른 하나에 내린다면 다른 이름들을 셀 수 없기 때문이다. 이름 하나가 불릴 때마다 당신에게는 정보 3조각이 주어진다. 당신이 듣는 이름, 당신이 기억하는 이름(방금 들은 이름과 같을 수도 다를 수도 있다.), 계수기로 카운트한 숫자. 전체 횟수의 과반수를 차지한 이름을 찾으려면 이 3가지 정보를 어떻게 조합해야 할까? 거의 없다시피 한 기억 용량으로 무엇을 '기억해야' 할지 찾아내기란 불가능하다.

컴퓨터과학 분야에서 나온 퍼즐들은 대개 정보에 관한 것이다. 앞선 퍼즐처럼 정보를 저장하기도 하고 공유하기도 한다. 감옥은 이런 퍼즐의 배경으로 자주 등장하는데 투옥이란 곧 정보의 차단을 의미하기 때문이다. 이번 장의 마지막 두 퍼즐에서는 의사소통이 웃길 만큼 심각하게 차단되어 있어서 도전한다는 생각만으로도 머리가 터질 듯한 문제가 등장하고, 죄수들은 이를 해결할 전략을 세워야 한다.

049 우리 모두 램프실에 다녀왔습니다?

감옥 안에 램프가 있는 방이 있다. 램프실 안에 들어간 사람만 램프를 켜거나 끌 수 있다. 교도관은 램프실에 들어갈 사람을 매일 죄수 23명 가운데 1명씩 뽑기로 결정했다. 램프실에 다녀온 죄수들은 다시 각방으로 돌아간다. 교도관은 죄수를 무작위로 선택하기 때문에 어느 죄수가 며칠 연속으로 램프실에 갈 수도 있고 어느 죄수는 몇 달을 기다려야 할 수도 있다. 그러나 장기적으로 보면 모든 죄수가 같은 횟수만큼 램프실에 다녀오게 될 것이다.

교도관은 죄수들 중 하나가 '우리 모두 램프실에 다녀왔습니다.'라고 선언하면 그 선언이 진실이라는 조건을 전제로 즉시 모두를 석방하겠다고 발표했다. 그러나 어느 죄수가 이같이 선언했을 때 램프실에 다녀오지 않은 사람이 1명이라도 있다면 모두 사형에 처하겠다고 덧붙였다.

교도관이 첫 번째 죄수를 선택하기에 앞서 모든 죄수가 전략을 논의하기 위해 한자리에 모였다. 계획을 정한 후에는 모두 각방으로 돌아가며 끝날 때까지 더는 서로 소통할 수 없다. 서로에게 메시지를 남길 수 있는 방법은 램프를 이용하는 것뿐이다. 램프실을 나설 때 램프를 켜 두거나 꺼 둘 수 있기 때문이다. 램프실에는 죄수 말고는 아무도 들어가지 않으며 램프는 절대 고장 나지 않는다고 가정하자.

죄수들 중 1명이 100퍼센트 확신을 품고 '우리 모두 램프실에 다녀왔습니다.'라고 선언하려면 어떤 전략을 취해야 할까?

시작할 당시 램프가 켜졌는지 꺼졌는지를 알 수 없다는 사실을 명심하자. 본격적으로 해결하기에 앞서 우선 문제를 간단하게 만들어 보자. 일단 시작할 때 램프가 꺼져 있고 죄수가 A와 B, 2명만 있다고 가정한다. 첫 번째로 램프실에 들어간 죄수가 다른 죄수에게 자신이 왔다 갔음을 알리는 유일한 방법은 램프를 켜 두고 오는 것이다. A가 먼저 램프실에 갔다고 해 보자. A는 램프가 꺼진 걸 보고 켜 둔다. A는 또 선택을 받더라도 램프를 켜 두고, 몇 번이고 선택되더라도 계속 램프를 켜 둘 것이다. 마침내 램프실에 들어온 B는 램프가 켜져 있는 것을 보고 A가 이미 다녀갔음을 알 수 있다. 램프를 켤 수 있는 사람은 A뿐이기 때문이다. B는 100퍼센트 확신하며 '우리 모두 램프실에 다녀왔습니다.'라고 선언할 수 있다. 그러므로 죄수가 단 2명일 때 램프를 다루는 규칙은 다음과 같이 요약할 수 있다.

꺼져 있다면 켠다.

켜져 있다면 켜 둔다.

이제 램프를 꺼 두고 시작하는 조건으로 세 번째 죄수를 추가해 풀어 보자. 이 전략은 죄수가 몇 명이든 계속 적용할 수 있다. 다음 단계는 시작할 때의 램프 상태를 죄수들이 모르는 경우다.

이번 장의 마지막 퍼즐 또한 감옥이 배경이며 방 하나와 죄수들이 영리하게 다루어야 하는 물건 하나가 등장한다. 이번에는 서로에게 메시지를 남기기보다는 숨겨진 정보를 찾아야 한다.

050 100개 서랍에서 내 이름표를 찾을 확률은?

서랍 100개가 달린 캐비닛이 감옥의 어느 텅 빈 방 안에 덩그러니 놓여 있다. 서랍에는 저마다 1부터 100까지 숫자가 하나씩 적혀 있다. 교도관이 방 안으로 들어오더니 죄수 100명의 이름을 종이 100장에 하나씩 나누어 쓴 뒤 서랍마다 무작위로 1장씩 넣었다. 서랍마다 죄수의 이름표가 들어 있는 셈이다.

방을 나선 교도관이 이름표에 이름이 적힌 죄수 100명을 집합한 뒤 규칙을 설명한다. 죄수들은 캐비닛이 있는 방에 1명씩 들어갈 수 있으며, 방 안에 들어가면 서랍 50개를 열어 본 뒤 그 안에 든 이름표를 볼 수 있다. 만약 모든 죄수가 각각 자신의 이름표가 든 서랍을 열었다면 모두 풀어 주겠지만, 1명이라도 자신의 이름표가 든 서랍을 열지 못한다면 모두 사형에 처한다고 한다.

죄수들은 첫 번째 죄수가 방에 들어가기 전까지 함께 전략을 세울 수 있지만 첫 번째 죄수가 들어가고 난 후에는 어떠한 식으로도 서로 소통할 수 없다. 방 안에 메시지를 남길 수도 없고 방에 다녀온 뒤 다른 죄수들에게 안에서 무엇을 봤는지 말해 줄 수도 없다.

죄수들의 생존율을 30퍼센트 이상으로 올릴 전략을 찾아보자.

이번 문제는 이 책에 담긴 수많은 수학적 경이로움 중에서도 가장 충격적인 결과를 보여 준다. 만일 죄수가 서랍 100개 중에서 50개를 무작위로 선택한다면 열어 본 서랍들 가운데 하나에 자기 이름표가 들어 있을 확률은 100 중 50, 즉 50퍼센트다. 만일 죄수 100명이 모두 서랍 50개를 무작위로 선택한다면 확률은,

50퍼센트의 50퍼센트의 50퍼센트의 …… (100번 반복) ……, 다시 말해 0.00000000000000000000000000008퍼센트다.

그러나 모든 죄수가 자신의 이름표를 찾을 확률을 $1,000,000^8$분의 1보다 더 키울 전략이 존재한다.

이 전략은 매우 간단하게 설명할 수 있으며 매우 흥미로운 수학적 사실에 바탕을 두고 있다.(정답 부분에서 설명하겠다.) 당장 생존율 30퍼센트 이상을 증명하지는 못하더라도 어떤 전략이 가능할지 생각해 보자. 공동의 결정으로 난관을 극복하는 이 전략을 본다면 정말 깜짝 놀랄 것이다.

제3장

케이크와 큐브와 구두 수선공의 칼

기하학 문제

맛보기 문제 3

왁자지껄 수수께끼

다음 퍼즐들은 당신의 잘못된 가정을 공략한다.

01 같은 날 같은 부모 밑에서 같은 두 아이가 태어났지만 쌍둥이는 아니다.

어떻게 된 일일까?

02 한 남자에게는 많은 증손자가 있지만 그의 손자들은 아무도 아이가 없다.

어떻게 된 일일까?

03 당신은 해발 고도 1,600미터 높이에 있는 비행기에 타고 있다. 바로 앞에 거대한 산이 보인다. 비행기는 항로나 속도, 고도를 바꾸지 않았지만 당신은 살아남았다.

어떻게 된 것일까?

04 한 여자가 물이 가득 든 양동이를 들고 있다. 그가 양동이를 거꾸로 뒤집었지만 양동이에는 여전히 물이 가득하다. 양동이에는 뚜껑이 없고 물은 액체 상태이며 여자는 원심력을 이용하지도 않았다.

어떻게 된 일일까?

05 면도를 깔끔하게 마친 한 남학생이 파티에 다녀오겠다면서 해가 지기 전에는 돌아오겠다고 부모와 약속했다. 그는 약속을 지켰지만 턱수염이 무성하게 자라 있다.

어떻게 된 일일까?

06 한 복싱 선수가 대회에서 이겨 전국 챔피언이 되었다. 트레이너가 상금을 모두 가져갔지만 선수는 매우 행복하다.

어떻게 된 일일까?

07 일란성 쌍둥이 밀리와 몰리는 늘 똑같은 옷을 입는다. 어느 날 둘 중 한 사람이 지나가는 걸 본 당신은 큰 소리로 인사했고 그가 돌아보는 순간 밀리임을 알아챘다.

어떻게 된 일일까?

08 사무실에서 일하던 한 여자가 해고를 당했다. 그러나 그는 다음 날에도 같은 사무실에 나타났고 직원들에게 환영을 받았다.

어떻게 된 일일까?

09 이웃집에 몸이 약한 92세 할머니가 산다. 어느 날 당신은 당신이 할 수 없는 일을 부탁하고자 할머니를 모시고 다녔으며 할머니는 그 일을 훌륭하게 해냈다. 하지만 할머니가 할 줄 아는 일들은 당신도 모두 할 줄 안다.

어떻게 된 일일까?

10 한 남자가 해가 서쪽에서 뜨는 모습을 보았다.

어떻게 된 일일까?

18세기 초, 루이스 알베르 네커는 제네바 대학교 광물학 교수로서 결정 구조를 자주 들여다보며 지냈다. 어느 날 네커 교수는 그림 속 도형의 '표면 위치가 일순간 의도치 않게 전환되는 현상'이 종종 보인다는 사실을 깨달았다. 오늘날 '네커 정육면체'(necker cube)로 알려진 다음 그림에서도 이 현상을 볼 수 있다. 직선 12개로 그린 이 평면 도형은 위에서 내려다본 정육면체(왼쪽 아랫변이 앞쪽)로도 보이고 아래에서 올려다본 정육면체(오른쪽 윗변이 앞쪽)로도 보인다. 그림의 깊이에 관해서는 아무런 단서도 주어지지 않았으므로 3차원으로 본 정육면체의 방향은 알 수 없다. 네커 정육면체는 한 방향으로 보기 시작하면 다른 쪽 방향으로는 볼 수 없다가도 어느 순간 갑자기 시점이 바뀌어 버리기 때문에 더욱 매력적이다.

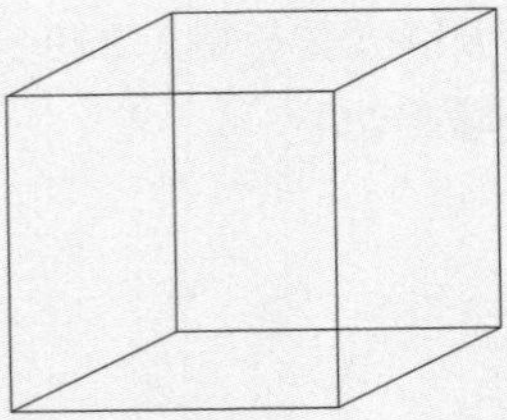

네커 정육면체는 착시다. 또한 기하학 퍼즐의 재미를 보여 주는 상징이기도 하다. 눈에 보이는 방향이 '일순간 의도치 않게 전환'되는 현상은 기하학 퍼즐을 푸는 데 필요한 깨달음의 순간과 닮았다. 이번 장에서는 다양한 기하학 퍼즐을 만날 수 있다. 당신은 그림을 들여다보면서 단서를 찾으려고 노력한다. 막다른 길 같다가도 갑자기 마법 같은 느낌이 탁 들 것이다. 사실 한참 전부터 해답을 들여다보고 있었다는 걸 갑자기 깨닫는 순간이다. 방향이 이리저리 바뀌어 보이기도 한다. 알 수 없는 느낌이 들지도 모른다. 정답은 늘 눈앞에 뻔히 드러나 있었다. 기하학 퍼즐의 정답은 퍼즐을 제대로 보는 순간 저절로 책장에서 튀어나올 것이다.

051 칼리송이 망가지지 않게 포장하려면?

칼리송은 과일 조림과 아몬드 페이스트 위에 로열 아이싱을 덮은 프랑스 전통 디저트다. 모든 칼리송이 정삼각형 2개가 하나의 변을 맞댄 마름모꼴이라고 가정해 보자. 칼리송을 육각형 상자에 포장할 때에는 가로로 넣거나 , 왼쪽으로 기울이거나 , 오른쪽으로 기울이는 방법 이 있다. 다음 그림은 칼리송을 포장하는 방법 중 하나를 위에서 내려다본 모습이다.

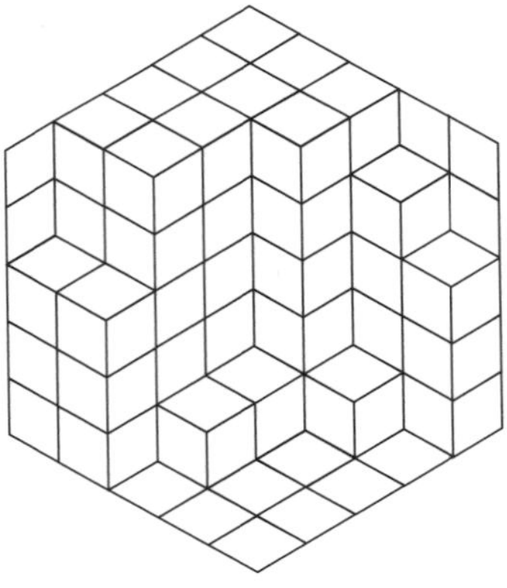

각 방향으로 놓인 칼리송의 개수가 모두 같다는 사실을 보여라. 단, 하나하나 세는 방법은 안 된다.

디저트 가게를 배경으로 하는 퍼즐들은 더더욱 군침 돌기 마련이다. 어느 케이크 가게에서도 맛있는 퍼즐 하나를 던져 주었다. 이 책에 실린 퍼즐들이 실제로는 별로 쓸모없다고 생각했다면 잘 봐 두길 바란다.

052 남은 케이크를 동일하게 2등분 하려면?

누군가가 당신의 케이크를 직사각형 모양으로 1조각 가져가 먹었다. 위에서 본 모습이다.

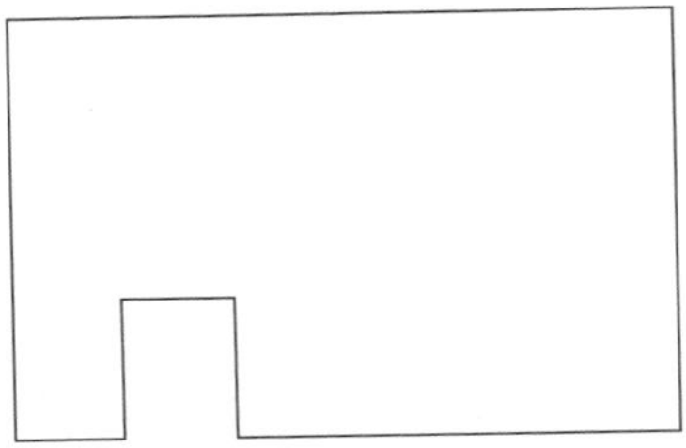

남은 케이크를 직선으로 1번만 잘라서 양이 똑같은 2조각으로 만들려면 어떻게 해야 할까?

다시 말해 위의 그림에 직선 하나를 그려 넓이가 같은 두 부분으로 나누는 것이다. 케이크 가운데를 가로로 썰어서 위아래 반으로 나누는 것은 반칙이다.

053 5명이 케이크를 똑같이 나누어 먹으려면?

정사각형 모양의 케이크 하나를 5명에게 같은 양으로 나누어 주려면 어떻게 해야 할까? 모든 조각은 '조각 케이크'답게 잘려야 한다. 즉 절단면이 바닥과 수직이어야 하고 각 조각의 뾰족한 끝부분이 케이크의 중심점이어야 한다. 자 또는 줄자를 사용할 수 없지만 그 대신 다음과 같은 격자를 이용할 수 있다.

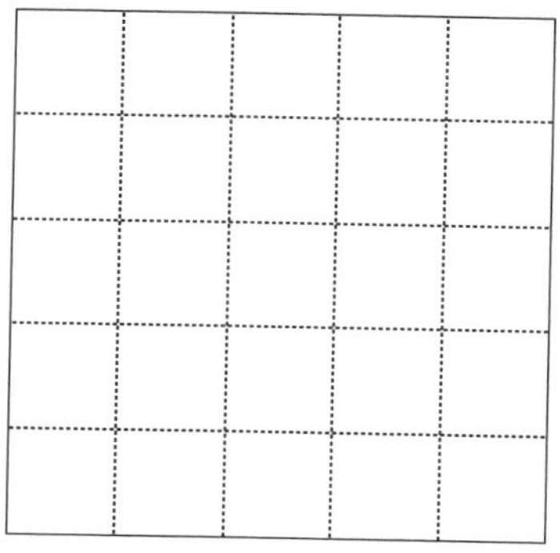

52, 53번 퍼즐은 공정하게 자르는 문제, 즉 모든 사람에게 케이크를 같은

양으로 나누어 주는 문제였다. 실제로도 우리는 케이크를 나눠 먹을 때 당연히 모두가 같은 양을 받을 거라고 생각한다. 케이크 자르기는 이처럼 암묵적으로 공평을 가정하기 때문에 수학, 경제학, 게임 이론에서 분배 전략을 분석하는 '공정한 분배'(fair division) 영역의 예시로 자주 사용된다. 반면 기하학자들은 디저트를 같은 양으로 자르는 데만 관심이 있는 게 아니다. 가끔은 최소한의 칼질로 최대한 많은 조각을 내는 방법들도 알아내고자 한다.

054 도넛 하나를 3번 잘라 9조각으로 나누려면?

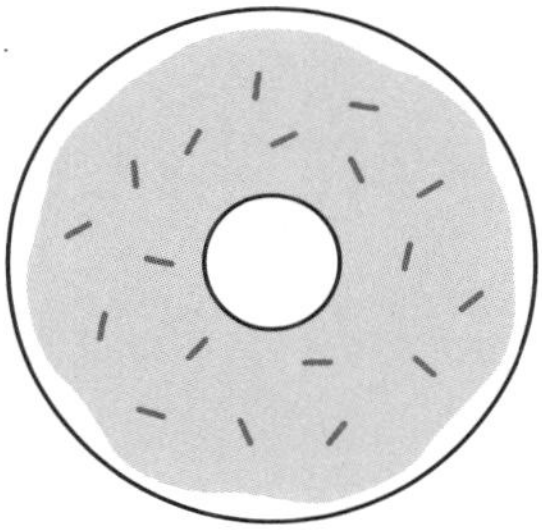

위 그림과 같은 도넛을 직선으로 1번 자른다면 어떻게 자르든지 도넛은 2조각이 될 것이다.
도넛을 직선으로 2번 잘라 5조각으로 나누려면, 또 직선으로 3번 잘라 9조각으로 나누려면 어떻게 잘라야 할까?

기하학 퍼즐이 재미있다고 이야기하긴 했지만 동시에 고통스럽기도 하다는 사실을 잊지 말자. 물체를 가능한 한 많이 조각내는 퍼즐은 놀라울 만큼 어렵다. 그림을 뚫어지게 쳐다봐도 아무 성과 없이 시간만 하염없이 흘러가는 기분도 들 것이다. 너무나 쉬워 보이기 때문에 2배로 더 고통스러울 것이다. 그래도 속임수 같은 건 없다.

055 따로 떨어져 있는 삼각형들과 별의 탄생?

다음 그림과 같이 꼭지가 5개인 별에는 삼각형 5개가 '따로 떨어져' 있다. 변끼리 겹치지도 않고 큰 삼각형 안에 작은 삼각형이 들어가는 일도 없다는 말이다. 별 모양 위로 직선 2개를 그려 따로 떨어진 삼각형 10개를 만들어 보자. 단번에 성공하긴 힘들 테니 아래에 별 2개를 준비했다.

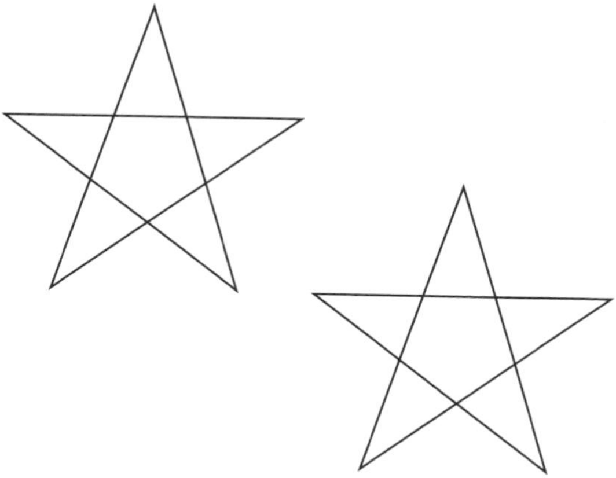

그리스 역사가 헤로도토스는 고대 이집트에서 세금을 걷던 관리들이 나일강 범람으로 잠긴 땅의 넓이를 밧줄을 이용해 측정했던 것이 기하학의 기원이라고 했다. 그러나 다른 전통적인 직업을 가졌던 이들 역시 비공식적이지만 기하학을 활용했다. 예를 들어 목수와 수선공은 목재나 천을 어떻게 조각내야 가장 효율적일지 늘 고민한다. 그렇다면 크기가 같은 정사각형 모양의 재료 2개를 어떻게 잘라 붙여야 최대한 커다란 정사각형 하나를 만들 수 있을까?

다음 방법이 가장 효율적이다.

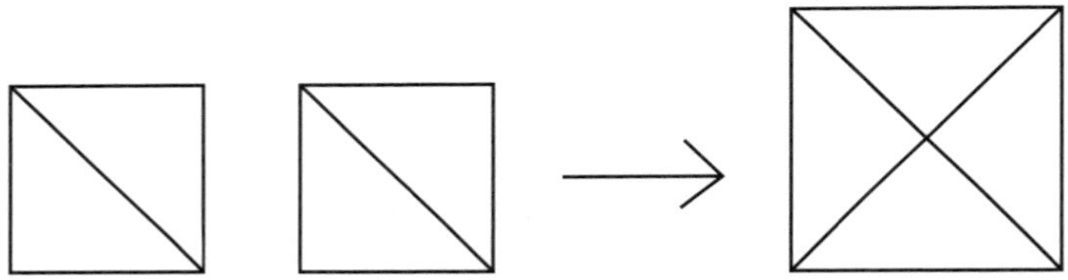

만일 크기가 같은 정사각형 모양의 재료 3개로 최대한 커다란 정사각형 하나를 만들려면 어떻게 해야 할까? 다음의 멋진 해법은 10세기에 고안되었는데 정사각형들을 9조각으로 나눈다.(정사각형 2개를 대각선으로 자른다. 이후 오른쪽 그림처럼 삼각형을 배치한다. 점선의 정사각형 바깥으로 튀어나가는 부분들을 자른 다음 빈 부분에 맞춰 넣는다.)

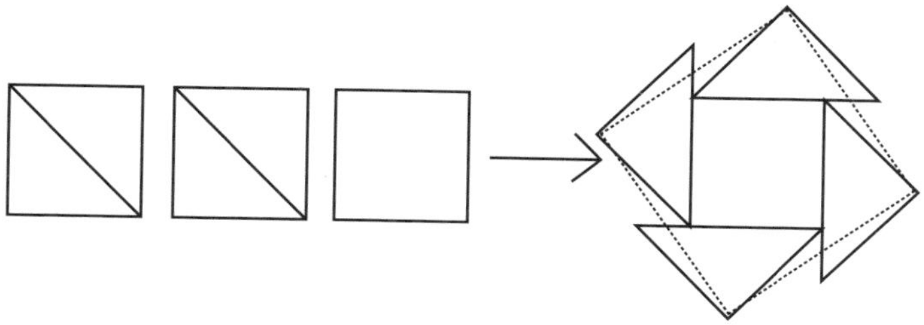

페르시아 천문학자 아불 부차니는 장인들과 기하학자들이 전혀 소통하지 않는다고 개탄하면서 《수공업자에게 필요한 기하학》(On Those Parts of Geometry Needed by Craftsmen)이라는 책을 저술했으며 여기서 이 해법을 설명했다. 장인들은 무언가 모양을 자르고 이어 붙일 때 아까운 재료들을 낭비하는 반면, 기하학자들은 실제로 무언가를 잘라 본 적이 없었다. 이론가와 실무가가 대화를 하면 좋지 않았을까.

'분할 퍼즐'은 한 모양을 조각낸 다음 다시 이어 붙여 다른 모양을 만드는 퍼즐을 부르는 말이다. 다음의 분할 퍼즐은 16세기에 만들어졌다.

056 직사각형으로 정사각형을 만들려면?

어느 수선공에게 가로 25센티미터, 세로 16센티미터의 직사각형 모양 천이 1장 있다. 이 천을 2조각으로 자른 뒤 이어 붙여 정사각형을 만들려면 어떻게 해야 할까?

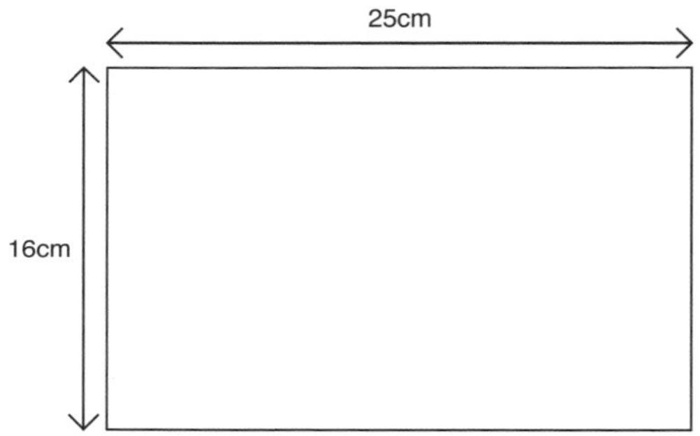

1995년식 IBM 싱크패드 701 시리즈를 사용했던 독자들이라면 문제없이 퍼즐을 풀 수 있을 것이다.

19세기에는 학문적인 수학과 유희 수학을 연구했던 이들 모두 분할 퍼즐을 흥미롭게 다루었다. 독일 수학자 다비트 힐베르트는 모든 다각형(테두리가 모두 직선인 도형)을 유한한 개수의 조각으로 자른 뒤 이어 붙이면 같은 넓이의 어떤 다각형도 만들 수 있음을 증명했다. 1900년 힐베르트가 미해결 문제 23개를 엮어 출판한 목록은 20세기 수학의 방향을 설정하는 데 큰 영향을 미쳤다. 그중 세 번째 문제는 **다면체**(모든 면이 평면인 3차원 입체 도형) 분할에 관한 문제였다. 부피가 같은 두 다면체가 주어졌을 때 첫 번째 다면체를 유한한 개수의 다면체로 자른 뒤 이어 붙여 두 번째 다면체를 만들 수 있을까? 같은 해 누군가가 그것이 불가능함을 증명해 보이면서 힐베르트의 문제들 중 처음으로 해답을 찾았다.

분할 퍼즐은 19세기 말과 20세기 초에도 큰 관심을 모았다. 당대 가장 활발하게 활동했던 퍼즐 제작자인 샘 로이드와 헨리 듀드니에게 분할 퍼즐은 영업 자산이나 다름없었다. 미국 출신의 로이드는 독특한 배경을 바탕으로 분할 퍼즐을 부활시키는 일을 즐겼다. 그는 다음 문제를 소개하면서 이렇게 말문을 열었다. "중국의 탈것 하니까 말인데요……."

057 가마 의자가 정사각형 모양이 되려면?

가마 의자의 단면처럼 생긴 다음 도형을 2조각으로 자른 뒤 이어 붙여 정사각형을 만들어 보자.

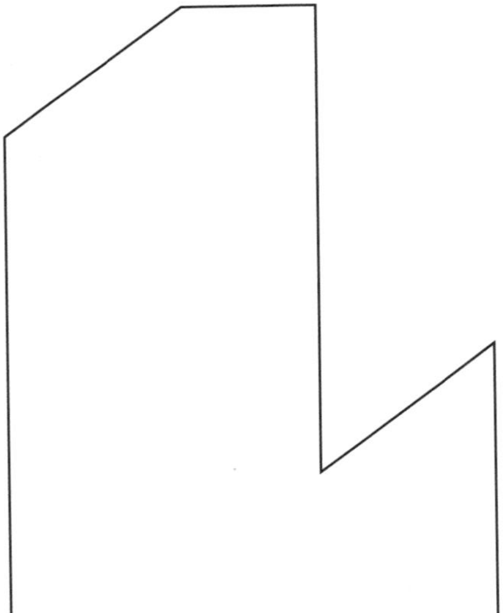

로이드의 또 다른 퍼즐 하나는 이렇게 시작한다. “지난번 크레센트시의 휘스트 앤드 체스 클럽을 방문했을 때 응접실 창문 중 하나에 그려진 신기한 빨간색 스페이드 문양이 내 시선을 사로잡았다.”

058 스페이드를 하트로 탈바꿈하려면?

다음 스페이드가 빨간색이라고 상상해 보자. 이 스페이드를 3조각으로 자른 뒤 이어 붙여 하트로 만들 수 있을까?

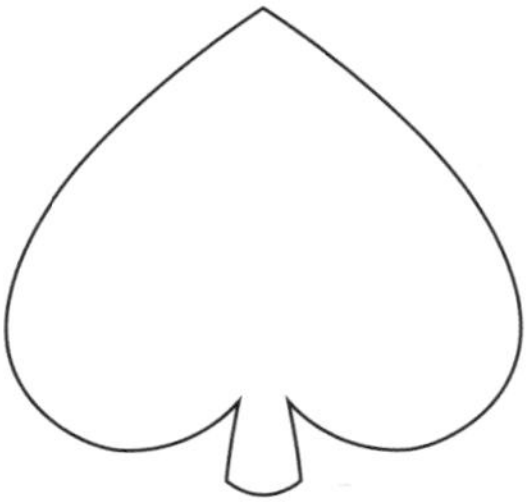

3조각을 모두 이용해야 하며 겹치게 붙여서도 안 된다. 꽁다리만 떼어 버리는 건 안 된다는 말이다.

프랑스 작가 피에르 베로캥이 고안한 다음 퍼즐을 나는 매우 좋아한다. 그 이유는 곡선 도형을 이용해 가장자리가 모두 직선인 도형을 만들어야 하기 때문이다.

059 깨진 꽃병을 붙여 정사각형을 만들려면?

꽃병을 직선으로 2번 잘라 3조각 낸 뒤 다시 이어 붙여 정사각형을 만들어 보자.

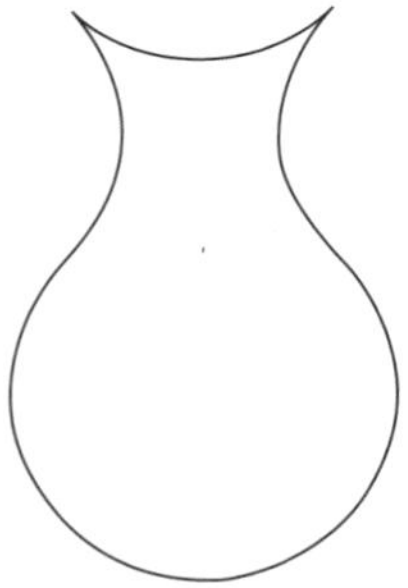

영국 출신인 헨리 듀드니의 분할 퍼즐은 특히 혁신적이고 천재적이다. 힐베르트는 모든 다각형을 잘라 붙여 다른 다각형을 만들 수 있음을 증명했지만, 본래의 다각형을 수많은 삼각형으로 쪼개는 방식을 썼을 뿐이다. 반면 간결성을 중시했던 듀드니는 다각형을 가능한 한 적은 횟수로 잘라 아름답게 이어 붙이는 방법을 고안하는 비범한 경지에 올랐다.

앞서 살펴봤듯이 아불 부차니는 작은 정사각형 3개를 9조각으로 잘라 커다란 정사각형 하나로 만들었다. 이를 듀드니는 6조각만으로 해냈다.

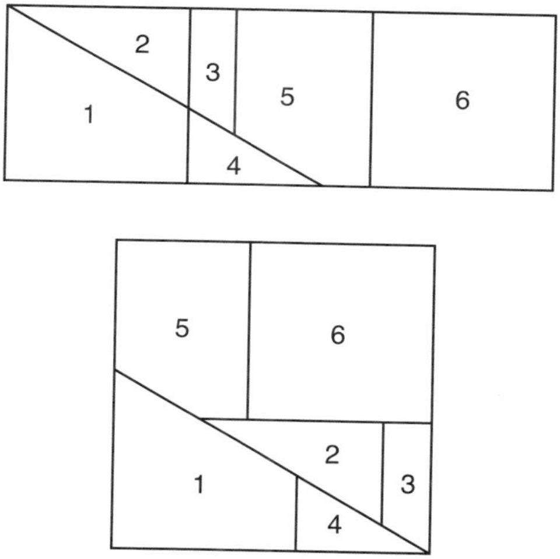

듀드니의 분할 퍼즐 가운데 가장 유명한 것은 144쪽 그림과 같이 정삼각형을 4조각으로 나누어 정사각형으로 만든 것이다. 4조각의 모서리가 경첩으로 연결된 듯 줄줄이 이어져 있다면, 이 조각들은 어떻게 접으면 정삼각형이 되고 어떻게 접으면 정사각형이 된다. 이 발견을 매우 자랑스러워했던 듀드니는 마호가니 나무와 놋쇠 경첩을 이용해 실물 모형을 만든 뒤 1905년 런던 왕립 학회에 선보이기도 했다.

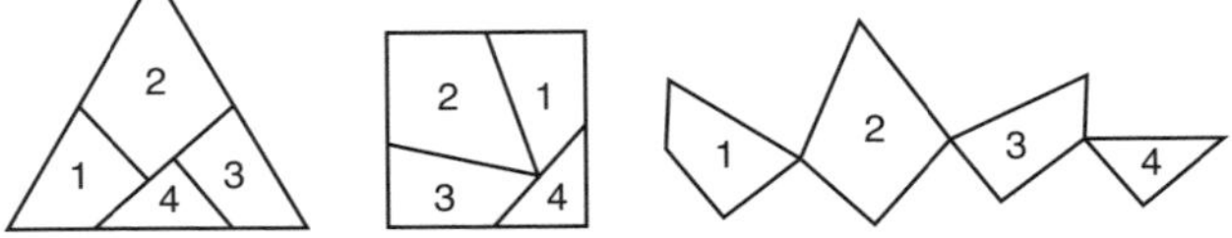

듀드니의 기발한 분할 퍼즐 덕분에 분할 퍼즐은 20세기 내내 폭발적인 관심을 끌었다. 가능한 한 적은 수의 조각을 이용하여 한 도형을 다른 도형으로 바꾸는 '최소 분할' 퍼즐은 기하학에 해박하지 않더라도 풀 수 있었기 때문에 완벽한 유희 퍼즐이었다. 최소 분할을 찾는 일반적인 과정은 따로 없으며 창의성과 직관과 참을성을 발휘해야 한다. 컴퓨터 시대 전까지만 하더라도 열정적인 아마추어가 전문가를 능가할 여지가 있었으며 실제로 많은 아마추어가 큰 성과를 거두었다. 흥미로운 방식으로 도형을 자르는 퍼즐들을 몇 가지 더 살펴보자.

060 정사각형으로 정사각형 만들기?

다음 그림은 커다란 정사각형 하나를 작은 정사각형 4개로 나누는 방법을 보여 준다.

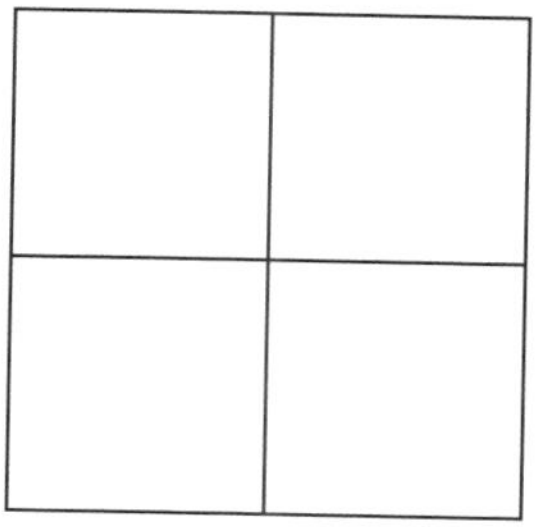

이 정사각형을 다음과 같이 나누는 방법을 보여라.

[1] 작은 정사각형 6개
[2] 작은 정사각형 7개
[3] 작은 정사각형 8개

각 정사각형의 크기는 다를 수 있다.

이 문제는 몸풀기 문제였다. 이제 가위를 꺼내 보자. 다음 퍼즐은 헨리 듀드니의《수학의 즐거움》(Amusements in Mathematics)에 실린 문제다.

061 퍼킨스 아주머니 퀼트 속 정사각형 개수는?

다음 퀼트는 정사각형 모양의 패치 169개를 이어 만든 작품이다. 이 퀼트를 패치들 사이로만 잘라 가능한 한 적은 수의 정사각형으로 나누어 보자.

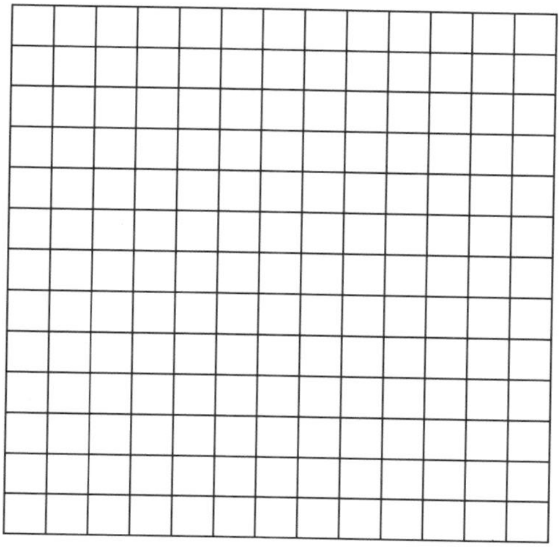

다시 말해 정사각형 조각들을 최소 몇 개 이어 붙여야 이와 같은 퀼트를 만들 수 있을지 찾는 것이다.

퍼킨스 아주머니의 퀼트 문제는 '정사각형 안의 정사각형'(squared square), 즉 큰 정사각형을 작은 정사각형들로 나누는 문제를 다룬 수학 논문에서 처음으로 등장했다. 듀드니의 다른 퍼즐과 마찬가지로 이 퍼즐 또한 학계의 관심을 사로잡았다.

퍼킨슨 아주머니의 퀼트 문제에 대한 해답에서는 크기가 같은 정사각형이 여러 개 등장한다. 1930년대 케임브리지 트리니티 칼리지의 수학자들은 '완벽한' 정사각형 안의 정사각형, 즉 하나의 정사각형을 각기 다른 크기의 정사각형들로 나누는 방법을 찾아내는 일에 뛰어들었다.(폴란드 출신 수학자 집단 또한 비슷한 시기에 같은 문제를 연구했다.) 1939년 독일 수학자 로란트 스프라구가 최초로 해법을 발표했다. 4,205×4,205 크기의 정사각형을 변의 길이가 모두 다른 정사각형 55개로 나누는 방법을 찾은 것이다.

네덜란드의 컴퓨터과학자 다위베스테인은 정사각형 안의 정사각형에 평생 집착했으며 1962년 이에 관한 논문을 출판했을 뿐만 아니라 그 후로도 수십 년간 연구를 계속했다. 그는 '완전하고 완벽한' 정사각형 안의 정사각형, 즉 큰 정사각형 안에서 작은 정사각형들이 다른 직사각형 또는 정사각형 모양의 부분 집합조차 이루지 않는 해법을 찾고자 했다. 1978년 그의 컴퓨터가 단 21개 정사각형으로 이루어진 112×112 크기의 정사각형을 발견했다. 수학계에서 가장 유명한 그림들 중 하나인 다음 그림이 바로 최소 개수의 정사각형으로 만든 완전하고 완벽한 정사각형 안의 정사각형이다.(정사각형 안의 숫자는 각 변의 길이이다.)

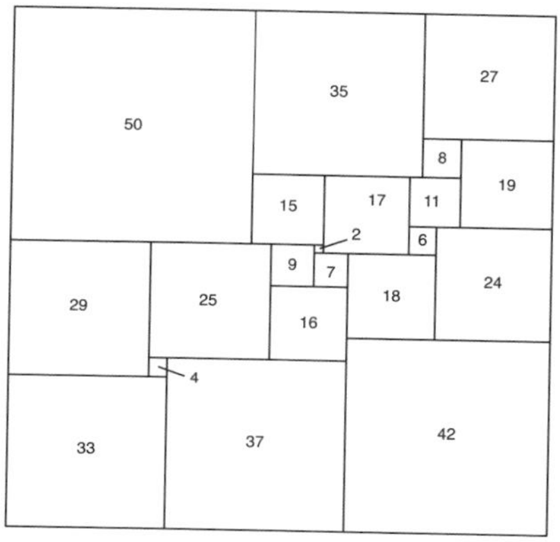

60번 '정사각형으로 정사각형 만들기?' 문제를 보면 4개의 정사각형이 한데 모여 (더 큰) 정사각형을 이룬다는 데는 이견이 있을 수 없다. 마찬가지로 똑같은 L 자 도형 4개를 다음 그림처럼 (더 큰) L 자 모양으로 놓을 수 있다. 모양과 크기가 동일한 도형 여러 개를 이어 붙여 모양은 같지만 크기는 더 큰 도형을 만드는 경우를 가리켜 '렙타일'(reptile)이라고 한다. 복제된(replicate) 타일(tile)이기 때문이다. 반대로 말하자면 렙타일은 모양이 동일한 좀 더 작은 도형들로 나눌 수 있는 도형을 말한다.

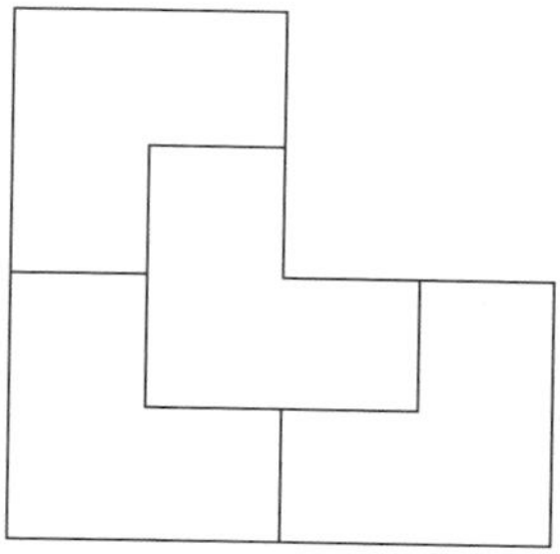

062 렙타일로 스핑크스를 만들려면?

다음 도형들을 각각 같은 모양의 조각 4개로 나누어 보자.

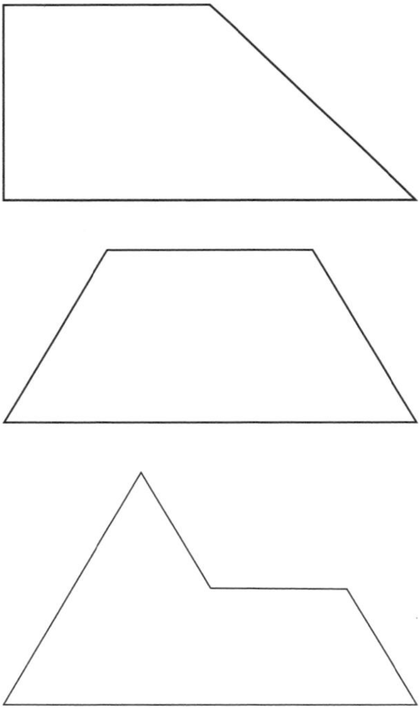

도움이 될 만한 점을 알려 주면 두 번째와 세 번째 도형은 정삼각형 그리드를 바탕으로 만든 것이다. 세 번째 도형은 1960년대 초 〈뉴사이언티스트〉 퍼즐 칼럼니스트 오바이린이 명명했듯 '스핑크스'라는 이름으로 알려져 있다.

렙타일은 평면 위에 겹치거나 비는 부분 없이 빼곡하게 붙일 수 있는데 렙타일을 배열하여 기본 형태의 큰 버전, 또 더 큰 버전을 만들 수 있기 때문이다. 다음 그림은 평면 위에 겹치거나 비는 부분 없이 빼곡하게 붙일 수 있는 또 다른 종류의 렙타일이다.(다만 이 렙타일은 여러 개를 배열해 더 큰 도마뱀을 만들 수는 없다.)

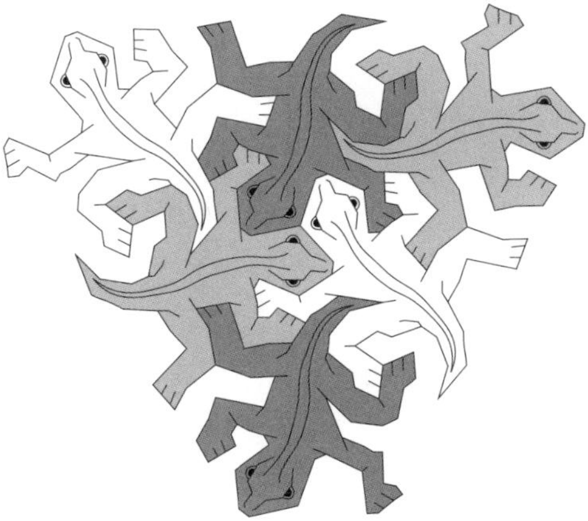

이 도마뱀은 1943년 네덜란드 판화가 마우리츠 에스허르가 석판화로 표현한 렙타일 테셀레이션(tessellation, 동일한 형태의 타일이 서로 완벽

히 맞아떨어지는 것)에서 따온 것이다. 에스허르는 동물을 본뜬 테셀레이션 타일들을 다수 제작했다. 그가 만든 파충류나 물고기, 새 모양 테셀레이션 타일들은 20세기 수학 예술을 대표하는 놀랍고도 재미있으며 그야말로 기발한 작품이다. 낱개로 보면 동물과 꼭 닮았으면서 같은 모양의 타일들과 틈이 있거나 겹치는 부분 없이 꼭 맞아떨어지는 타일을 만들기란 매우 어려운 일이지만, 에스허르에게 영감을 받은 많은 이가 여기에 도전하기 시작했다. 오늘날 최고의 테셀레이션 예술가로 손꼽히는 사람은 다음 퍼즐 제작자이기도 한 프랑스의 알랭 니콜라다.

063 신비한 동물들을 같은 모양으로 나누려면?

다음 도형을 제시된 개수로 조각내 보자. 각 조각은 동물 모양이어야 한다.

[1] 같은 모양 2조각

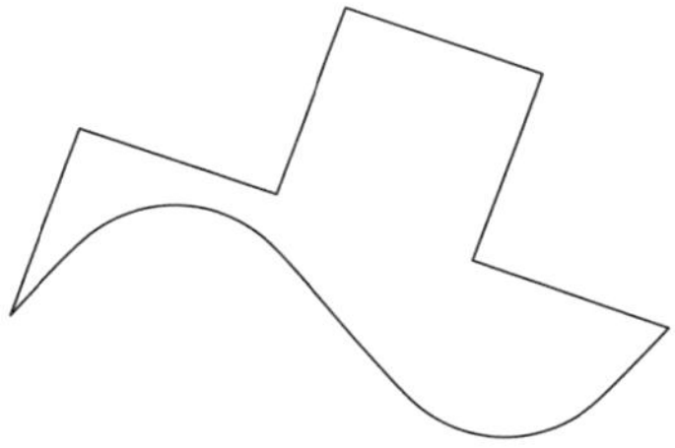

[2] 같은 모양이 좌우 반전된 2조각

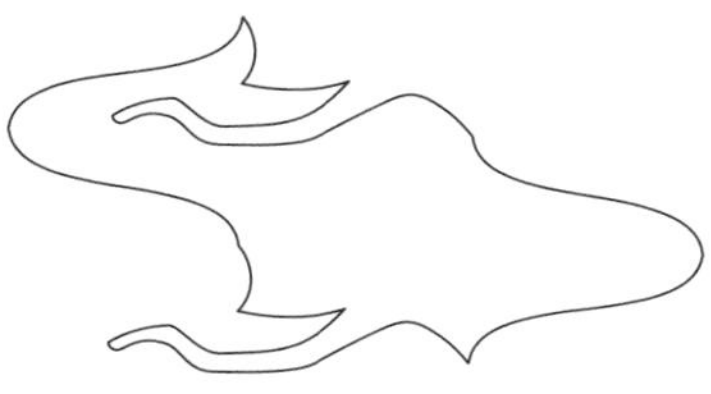

[3] 같은 모양 3조각, 1조각은 상하 반전

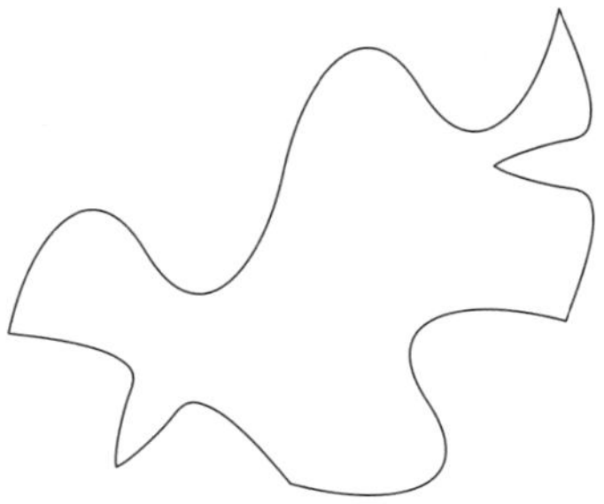

기하학 퍼즐 중에서도 중독성 강한 퍼즐들은 도형 1개 혹은 여러 개를 제시하고 넓이를 묻는 문제들이다. 그중에서 정사각형 여러 개를 이용한 문제와 삼각형 하나를 이용한 문제 2가지를 살펴보자.

064 정사각형 2개가 겹친 부분의 넓이는?

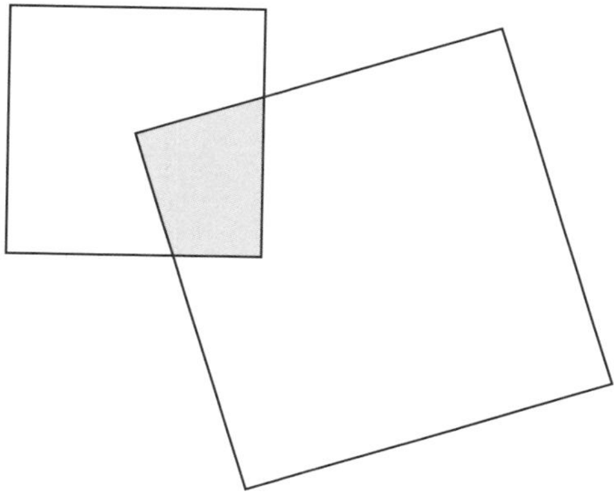

작은 정사각형은 한 변의 길이가 2이고, 큰 정사각형은 한 변의 길이가 3이다. 큰 정사각형의 왼쪽 꼭짓점은 작은 정사각형의 중심점에 놓여 있다. 큰 정사각형의 변은 작은 정사각형 변의 3분의 2 지점을 지난다.
색칠한 부분의 넓이를 구해 보자.

065 삼각형을 4등분 했을 때 한 조각의 넓이는?

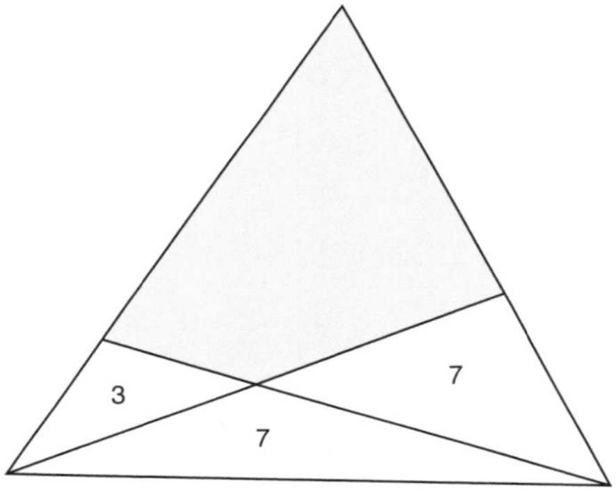

삼각형 하나를 4조각으로 나누었을 때 3조각의 넓이가 각각 3, 7, 7이 되었다. 색칠한 영역의 넓이는 몇인가?

혹시 깜빡할까 봐 덧붙인다면 삼각형 넓이는 밑변과 높이를 곱한 값의 절반이며 높이는 밑변에서 꼭짓점까지의 수직 거리다.

넓이를 구하는 퍼즐은 고대의 퍼즐이기도 하고 초현대적인 퍼즐이기도 하다. 고대 그리스에서 시작돼 2,000년 이상 전해 내려온 기하학 법칙들을 이용해야 하므로 고대라고 할 수 있는 한편, 눈길을 확 사로잡고 함께 풀어 볼 수 있어 인터넷 시대에 알맞은 퍼즐로서 초현대적이라고도 할 수 있다.

실제로 영국 에식스의 수학 교사 카트리나 시어러는 마커로 색칠하는 아름다운 넓이 퍼즐들을 트위터에 올려 팔로워 수천 명을 불러 모았다. 그는 이렇게 말했다. "저는 약간의 기발한 생각을 이용해 대수학을 통째로 피해 갈 수 있는 퍼즐을 좋아합니다. 게다가 색칠하기도 즐겁고요." 여기 2가지 퍼즐을 소개한다. 첫 번째 퍼즐에는 원이 등장하므로 반지름이 r일 때 원의 넓이는 πr^2이라는 점을 알아야 한다. 다음에 나오는 퍼즐 그림과 같이 반원 3개로 둘러싸인 도형은 그리스어로 '구두 수선공의 칼'이라는 뜻의 아르벨로스(arbelos)라고 한다.

066 카트리나의 아르벨로스와 그 넓이는?

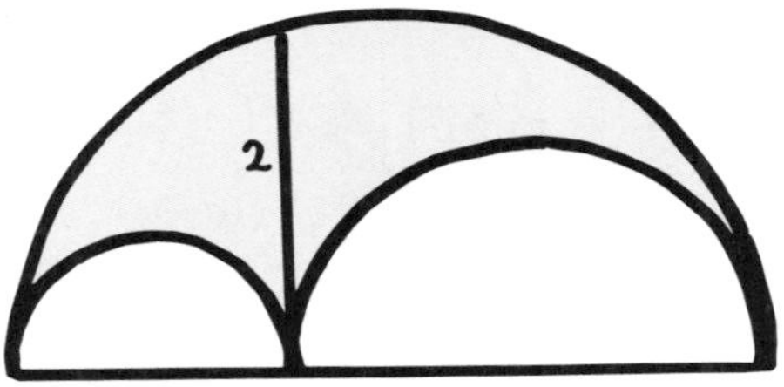

길이가 2인 수직선은 반원 3개의 밑변과 수직으로 만난다. 색칠한 부분의 넓이는?

067 카트리나의 십자가 속 정삼각형 넓이는?

색칠한 4개 삼각형들은 모두 정삼각형이다. 이 정삼각형 4개의 넓이는 전체 직사각형 넓이의 몇 분의 몇일까?

다음 문제는 넓이 대신 각도를 구하는 문제다. 이번 장의 나머지 문제들을 풀기 위해 3차원으로 넘어가 보자.

068 정육면체 위 맞닿은 두 선분의 각도는?

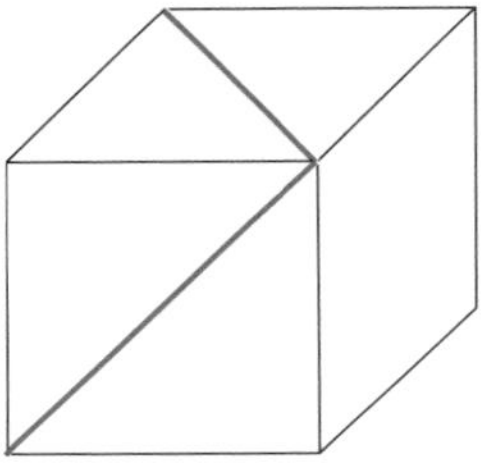

정육면체에 그려진 굵은 선분 2개가 만나는 각도는 얼마일까?

라인의 프린스 루퍼트(Prince Rupert of the Rhine)를 두고 역사가들은 그의 개를 기억하고 수학자들은 그의 정육면체를 기억한다. 영국 내전 당시 왕당파의 충실한 사령관이었던 루퍼트는 전장에 거대한 흰색 푸들을 데리고 다녔으며 상대 의회파는 이 개가 초능력을 부린다고 믿었다.

전쟁이 끝나자 그는 저명한 예술가이자 교양 있는 과학자가 되었으며 런던 왕립 학회를 창립하는 데도 기여했다. 또한 정육면체에 우리의 기하학적 직관을 거스르는 매력적인 성질이 있다는 사실도 최초로 밝혀냈다. 나무로 만든 정육면체 2개가 있을 때 하나의 정육면체에 구멍을 뚫어 다른 정육면체를 통과시킬 수 있음을 보인 것이다.

정육면체가 다른 정육면체를 통째로 삼킬 수 있는 이유는 정육면체의 폭이 어디를 기준으로 측정하는지에 따라 달라지기 때문이다. 예컨대 정육면체를 평평한 테이블 위에 올려놓고 수평으로 자른다면 절단면은 정사각형 모양일 것이다. 그러나 정육면체를 한 꼭짓점이 맞은편 꼭짓점과 수직이 되도록 기울여 세운 뒤 중앙 지점을 수평으로 자른다면 절단면은 육각형이 된다.(머릿속으로 쉽게 그려지지는 않겠지만 이렇게 생각해 보자. 정육면체를 한 꼭짓점으로 세워 둔 뒤 중간을 수평으로 자른다면 정육면체의 모든 면이 잘린다. 정육면체에는 총 6면이 있으므로 절단면의 변 또한 6개가 되고 정육면체의 대칭성 때문에 각 변의 길이 또한 같아진다.)

다음 그림과 같이 각 변의 중앙 지점을 지나도록 잘라도 육각형 절단면을 얻을 수 있다.

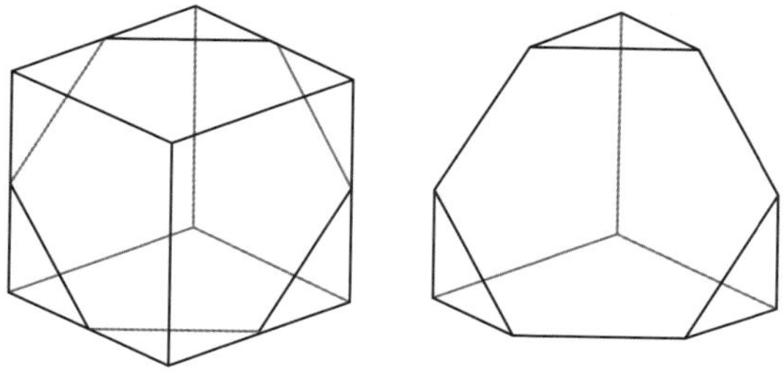

정육면체에서 사각 면의 넓이는 이 육각 단면의 넓이보다 작다. 사실 사각 면을 통째로 육각 단면 안에 넣을 수도 있다. 달리 말해 한 변이 1미터인 목각 정육면체 한가운데에 가로, 세로 1미터의 사각 터널을 뚫는다면 남아 있는 나무 사이로 한 변이 1미터인 또 다른 정육면체를 통과시킬 수 있다는 말이다.

루퍼트의 발견은 또 다른 질문으로 이어졌다. 가로, 세로 길이가 1인 정육면체에 터널을 뚫어 다른 정육면체를 통과시킨다면 얼마나 큰 정육면체까지 통과시킬 수 있을까? 이후 100여 년 동안 풀리지 않던 이 문제는 마침내 네덜란드 수학자 피터르 니울란트가 한 변이 1인 정육면체로 한 변이 1.06(소수점 두 자리)인 정육면체까지 통과시킬 수 있음을 보이며 해결했다. 한 변이 1.06인 바로 이 정육면체가 잘 알려진 '프린스 루퍼트의 정육면체'다.(이 최적의 경우에서 프린스 루퍼트의 정육면체는 다른 정육면체에 뚫린 육각 터널을 수직이 아닌 다른 각도로 지난다.)

다음 문제는 '멩거 스펀지'라는 이름의 흥미로운 정육면체를 육각 단면으로 자르는 문제다. 1926년 호주 출신 미국인 수학자 카를 멩거가 프랙털 물체인 멩거 스펀지를 정육면체에서 더 작은 정육면체들로 도려내는 것을 처음 묘사한 것으로 다음과 같은 방식으로 진행한다. (A) 정육면체를 준비한다. (B) 루빅큐브처럼 27개의 작은 '서브 정육면체'로 나눈다. (C) 각 면의 가운데 위치한 서브 정육면체를 제거한다. 정육면체 중앙에 위치한 서브 정육면체도 제거하여 구멍 사이로 반대편이 보이게끔 뚫는다. (D) 남아 있는 서브 정육면체에 대하여 각각 A부터 C까지의 단계를 반복한다. 즉 모든 서브 정육면체가 그보다 더 작은 서브 정육면체 27개로 이루어졌다고 생각하고 각 면의 가운데와 정육면체 정중앙의 서브 정육면체를 제거한다.

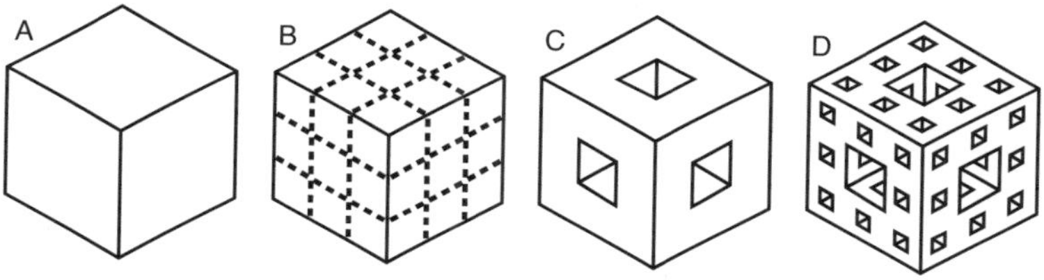

서브 정육면체 27개에 대하여 각각 A부터 C까지의 단계를 반복했다면 다음 퀴즈의 그림과 같은 정육면체를 얻을 수 있다.(가운데를 제거하는 작업을 3번 반복하므로 멩거 스펀지 3단계라고도 불린다. 원한다면 점점 더 작아지는 서브 정육면체에 대하여 앞의 단계를 무한히 반복할 수도 있다.)

069 멩거 스펀지의 육각 단면은 어떤 모습일까?

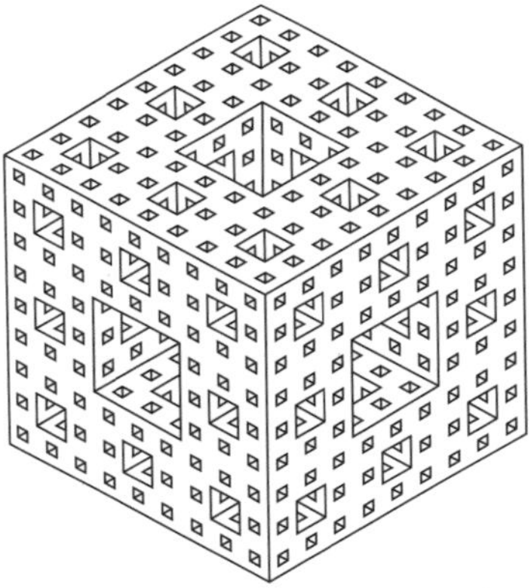

여기 멩거 스펀지가 있다. 이 정육면체를 대각선으로 잘랐을 때 육각 단면은 어떤 모습일까?

뒷면에서 정답을 확인하기 전에 우선 단면이 어떻게 생겼을지 추측해 그려 보자. 어렵게 느껴진다 해도 실망하지 마라. 이 패턴을 추론하려면 엄청난 수준의 공간 지각 능력이 필요하다. 이 문제를 소개한 이유는 당신에게 실망감이 아닌 전율을 안겨 주고 싶었기 때문이다. 내게 이 문제를 알려 준 어느 기하학자는 수학 전체를 통틀어 이 문제의 풀이만큼 놀라운 건 없었다고 했다.

루퍼트는 사각 구멍 안으로 정육면체를 밀어 넣는 문제를 연구했다. 이제 사각형 구멍뿐만 아니라 원형 구멍과 삼각형 구멍에 대해서도 살펴보자.

070 독특한 마개를 통과하는 물체의 모양은?

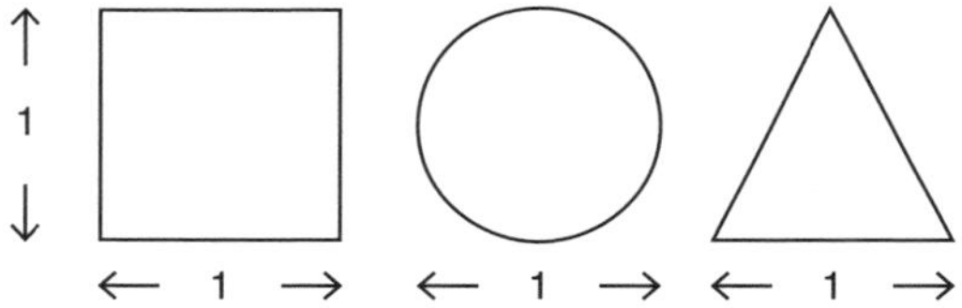

그림과 같은 사각형, 원형, 삼각형 구멍을 지날 수 있는 고체 물체를 3차원 입체로 그려보자. 구멍을 통과할 때 모든 테두리에 물체가 닿아야 한다. 다시 말해 이 물체에는 그림의 구멍 3개와 모양 및 크기가 각각 일치하는 단면 3개가 있다.
이미 해답을 알고 있는 당신이라면 또 다른 풀이를 찾아보자. 조건에 맞는 형태가 하나뿐일까?

3차원 시각화에 대해 소개할 마지막 문제는 미국 대학 교수 수십여 명으로 구성된 위원회도 진땀을 뺀 퍼즐이다. 1980년 이 문제는 위원회의 승인을 얻어 중학생 130만 명을 대상으로 하는 적성 검사에도 출제됐다.

071 두 피라미드의 한 면씩을 포개 붙인다면?

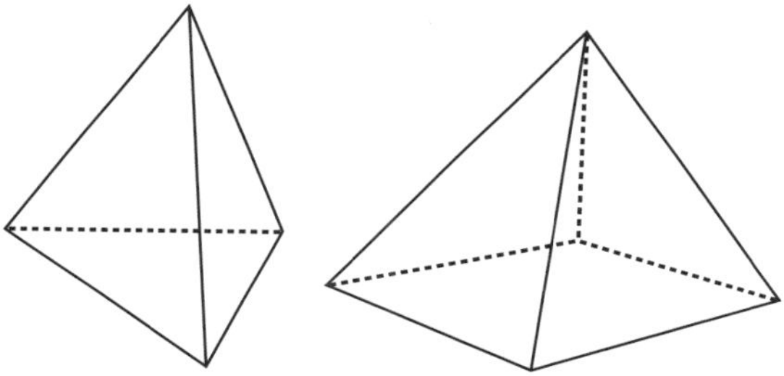

위 그림 속 두 피라미드의 각 면은 크기가 같은 정삼각형이다. 피라미드 하나는 바닥이 삼각형이고 나머지 하나는 사각형이다. 두 피라미드의 한 면씩을 완전히 포개 붙인다면 총 몇 개의 면이 겉으로 드러날까?

(a) 5개 (b) 6개 (c) 7개 (d) 8개 (e) 9개

위원회는 정답이 (c)라고 밝혔지만 오답이었다. 위원회는 한 피라미드가 사면체고 다른 피라미드가 오면체이므로 둘을 붙였을 때 각각 한 면씩 사라질 것이라고 가정했다. 하지만 사실은 그렇지 않았다. 이 오류는 적성 검사를 치렀던 17살 다니엘 로웬이 시험 결과를 받아 본 후에야 발견되었다. 시험을 치른 로웬은 두 피라미드의 실물 모형을 만들어 자신의 답이 옳다는 것을 보였다. 그런데 시험 결과를 보니 오답이었다. 우주 왕복선을 만드는 엔지니어, 그러니까 로켓 과학자였던 로웬의 아빠는 아들에게 왜 오답인지 설명해 주려 했지만 오히려 아들의 답이 정답임을 증명하게 됐다. 아빠는 위원회에 연락해 사과를 받았으며 이 이야기는 이후 〈뉴욕 타임스〉 1면을 장식했다. 아마 당신이라면 힌트 없이도 정답을 맞힐 수 있겠지만 힌트가 필요하다면 다음 그림처럼 사각 바닥 피라미드 2개가 나란히 놓인 모습이 도움이 될 것이다.

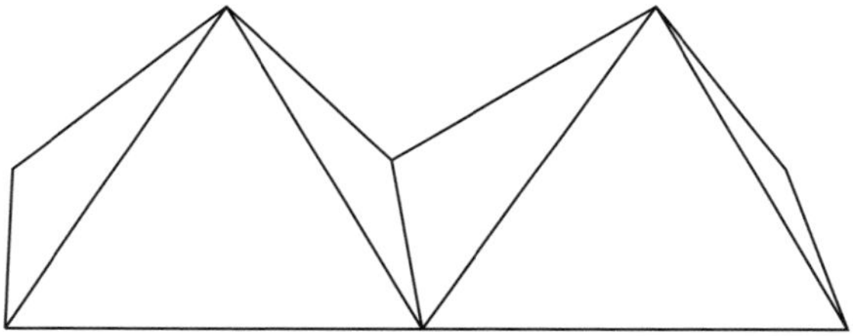

다음 문제 또한 시험에 나왔다. 학생의 수학 능력을 평가하는 최대 국제 시험인 '수학, 과학 성취도 추이 변화 국제 비교 연구'(TIMSS)는 1995년 41개 교육 제도하의 학생들을 대상으로 제1회 시험을 시행했다. 그리고 고등학교 교과 수준의 '고급 수학'을 배우는 16개국 만 18세 학생들에게도 출제되었다.

이 문제의 정답률은 약 10퍼센트에 그쳤다. 스웨덴이 24퍼센트로 1위를 차지했으며 미국과 프랑스는 4퍼센트밖에 되지 않았고 영국은 이 문제를 풀지도 않았다.

이 문제를 소개하는 이유는 풀이가 '간단'하며 14살 학생이 알 정도의 수학 실력이면 충분히 풀 수 있기 때문이다. 가끔은 수학을 너무 잘 아는 게 방해가 되는 경우도 있다.

072 막대를 감고 있는 실의 길이는?

막대 하나에 실이 대칭으로 감겨 있다. 실은 막대를 정확히 4바퀴 감고 있다. 막대의 원주는 4센티미터, 길이는 12센티미터다. 실의 길이를 구해라.

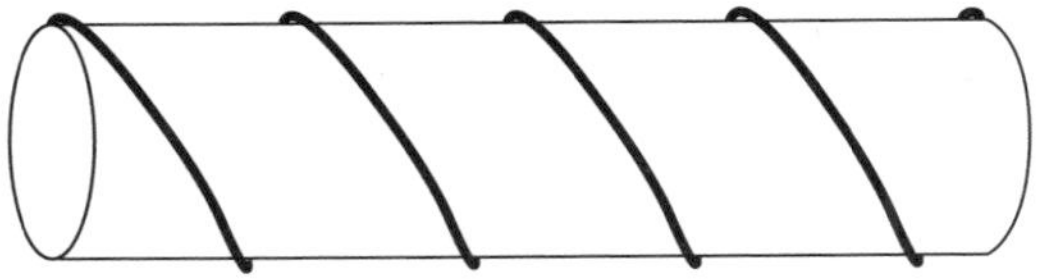

2차원에서 가장 단순한 도형이 원이듯 3차원에서 가장 단순한 물체는 구다. 지구도 구 형태에 가깝다. 다음 문제에서는 지구가 완벽한 구 형태라고 가정할 것이다.

우선 잘 알려진 퍼즐 하나를 살펴보자. 누군가가 정남 방향으로 100마일(약 160킬로미터—옮긴이), 정서 방향으로 100마일, 정북 방향으로 100마일을 걸어 출발점으로 돌아왔다. 여기서 질문! **곰은 무슨 색일까?**

물론 하얀색이다. 이와 같은 3가지 경로로 이동 가능한 지역에 사는 곰은 북극곰밖에 없기 때문이다. 여행자가 북극점에서 출발했다면 정남 방향으로 100마일, 정서 방향으로 100마일, 정북 방향으로 100마일을 걷는 루트는 삼각형을 이루며 출발 지점인 북극점으로 다시 연결된다. 이제 다음의 복슬복슬한 이야기를 살펴보자.

073 출발점에 살고 있는 곰은 무슨 색일까?

한 사람이 정북 방향으로 10마일, 정서 방향으로 10마일, 정남 방향으로 10마일을 걸어 출발점으로 돌아왔다. 그가 있는 곳은 남극점이 아니다.
곰은 무슨 색일까?

이제 동쪽 하나가 남았다.

074 18일간의 세계 일주를 마치고 돌아온 날짜는?

쥘 베른의 소설 《80일간의 세계 일주》를 최신식으로 바꿔서 주인공 필리어스 포그가 비행기를 타고 세계 일주 여행을 한다고 해 보자. 출발지는 런던이며 소설과 마찬가지로 이집트, 인도, 홍콩, 일본, 미국 전역을 거쳐 여행한다. 그는 10월 2일 정오에 출발했으며 돌아오기 전까지 18일을 셌다. 그가 런던에 돌아오는 날은 언제일까?

이번 장도 거의 끝나 가니 축하의 의미로 위스키 한잔 어떤가.

075 위스키는 정확히 얼마나 남아 있을까?

높이 27센티미터, 지름 7센티미터의 위스키 병에 위스키가 750시시(cc) 가득 들어 있다. 일반적인 병들과 마찬가지로 이 병도 바닥이 돔 모양으로 움푹 들어가 있다.
당신은 위스키를 마시고 곯아떨어졌다. 잠에서 깨고 보니 병 안에 위스키가 14센티미터 높이만큼 남아 있었다. 병을 거꾸로 뒤집으니 남은 술의 높이는 19센티미터가 되었다.
병 안에는 위스키가 몇 시시나 남아 있을까?

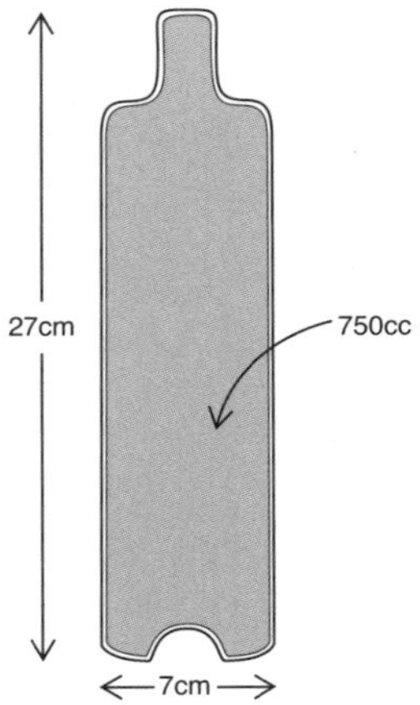

앞서 다른 문제에서 살펴보았듯이 원의 반지름이 π일 때 넓이는 πr^2이며 π는 소수점 두 자리로 반올림하여 3.14다. 원기둥의 반지름이 r이고 높이가 h라면 부피는 $\pi r^2 \times h$다.

위스키 퍼즐은 식을 세우려 하지 말고 다른 방법으로 풀어 보자. 문제가 좀처럼 풀리지 않는다면 위스키를 좀 더 마시고 싶은 기분도 들 것이다. 그래도 너무 많이 마시지는 말기를.

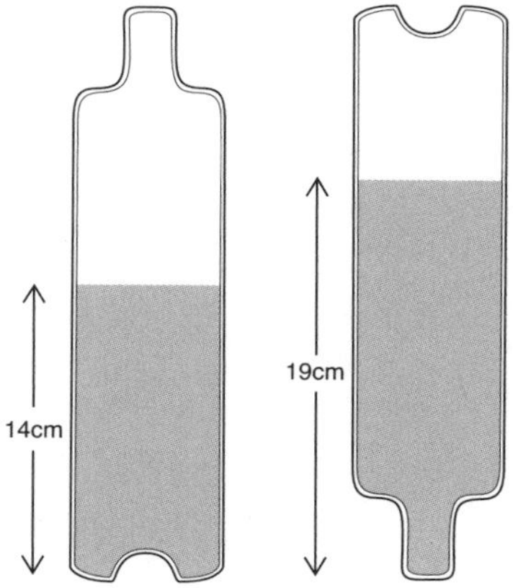

제4장

잠 못 이루는 밤과 형제자매 라이벌

확률 퍼즐

맛보기 문제 4

봉가드 퍼즐

미하일 봉가드는 소련의 컴퓨터과학자로 컴퓨터의 패턴 인식 방법을 연구했다. 1960년대 중반, 그는 다음과 같이 그림 12개를 한데 보여 주는 형식의 문제를 고안했다. 왼쪽의 그림 6개는 패턴 또는 규칙 하나를 따른다. 오른쪽의 그림 6개는 대개 왼쪽과 정반대 패턴 또는 규칙을 따른다.

퍼즐의 목표는 왼쪽 그림들이 따르는 규칙과 오른쪽 그림들이 따르는 규칙을 찾는 것이다.

쉬운 난이도부터 시작해 보자.

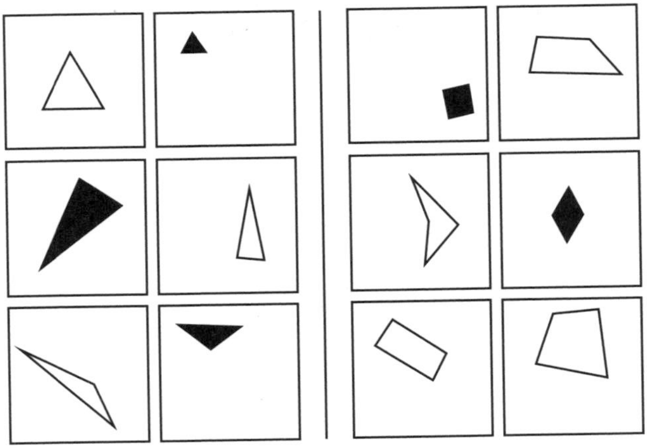

정답은 왼쪽 그림 속 도형은 모두 삼각형이며 오른쪽 그림 속 도형은 모두 사변형이라는 점이다. 다음 그림들 또한 매우 단순한 규칙을 따르지만 이를 찾아내기는 다소 까다로울 수 있다.

01

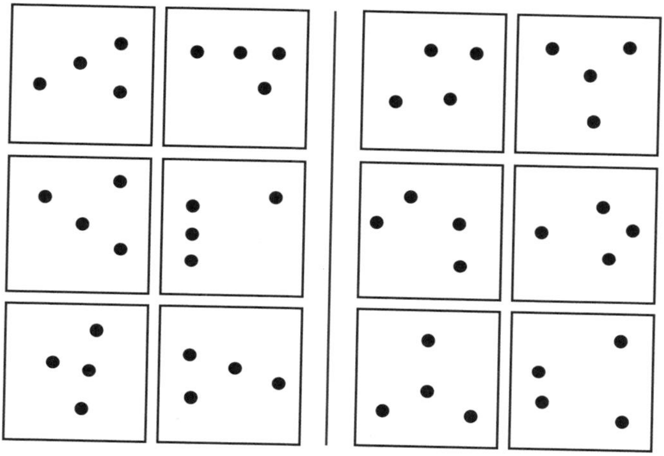

02

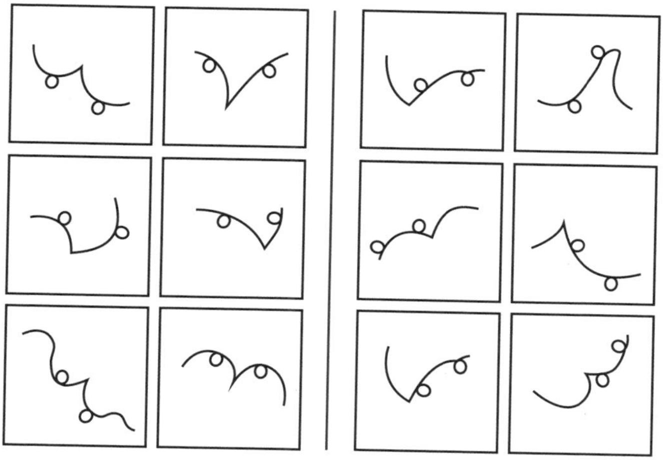

03

04

1713년 쿠키 단지에 처음으로 손을 댄 수학자는 야코프 베르누이였다.

아니, 사실은 단지도 아니었고 쿠키가 들어 있지도 않았다.

그가 손을 댄 건 조약돌 5,000개가 든 항아리로 흰색 돌 3,000개, 검은색 돌 2,000개가 담겨 있었다.

베르누이는 항아리에 손을 넣어 조약돌을 임의로 꺼낸다고 상상했다. 하얀 돌이 나올지 검은 돌이 나올지 미리 알 방법은 없었다. 임의의 사건은 예측할 수 없으니까.

그러나 베르누이는 조약돌을 무작위로 1개 꺼냈다가 다시 넣고 또 다른 돌을 꺼냈다 넣고 또다시 꺼냈다 넣고…… 그렇게 충분히 오랫동안 꺼냈다 도로 넣기를 반복하다 보면 평균적으로 하얀 조약돌 3개당 검은 조약돌 2개를 장담할 수 있다고 주장했다. 다시 말해 항아리 속 하얀 조약돌과 까만 조약돌의 비율이 3 대 2이기 때문에 항아리에서 꺼낸 하얀 조약돌의 총 개수와 항아리에서 꺼낸 까만 조약돌의 총 개수를 비교해도 장기적인 측면에서 결국 3 대 2가 될 거라는 말이었다.

임의의 사건 하나의 결과는 예측할 수 없지만 같은 사건을 몇 번이고 되풀이할 때의 결과는 얼마든지 예측할 수 있으며 주어진 확률과 거의 같은 결과가 나오리라는 베르누이의 통찰은 '대수의 법칙'(the law of large numbers)으로도 알려져 있다. 이 법칙은 확률론의 기본 개념 중 하나다. 수학의 한 분과로 무작위성을 연구하는 확률은 약학부터 금융 시장까지, 입자 물리학부터 기상 예보까지 현대 생활의 너무나 많은 부분을 떠받치고 있다.

베르누이의 조약돌 꺼내기 생각 실험을 바탕으로 항아리 같은 그릇에서 사물을 임의로 꺼내는 퍼즐들이 등장했다. 단지에서 쿠키를 꺼내는 퍼즐도 그중 하나다.

076 다크 초콜릿 쿠키를 고를 확률을 높이려면?

당신은 다크 초콜릿 쿠키 50개와 화이트 초콜릿 쿠키 50개, 합쳐서 100개의 쿠키를 똑같이 생긴 단지 2개에 나누어 담아야 한다. 쿠키를 다 담은 후 안대를 써야 하며 무작위로 단지를 열어 쿠키 1개를 꺼낸다.

안대를 쓰면 단지를 구분할 수 없으며 다크 초콜릿과 화이트 초콜릿을 촉감이나 냄새로 구별할 수도 없다.

당신은 화이트 초콜릿을 싫어한다. 다크 초콜릿 쿠키를 고를 확률을 최대한 높이려면 단지에 쿠키를 어떻게 나누어 넣어야 할까?

077 하얀 조약돌 1개를 먼저 꺼내려면?

가방에 하얀 조약돌 1개와 검은 조약돌 여러 개가 들어 있다. 당신이 친구와 함께 번갈아 가면서 조약돌을 1개씩 꺼내고 꺼낸 조약돌은 다시 가방에 넣지 않는다. 하얀 조약돌을 먼저 꺼낸 사람이 승리한다.
승리할 확률을 최대한 높이려면 먼저 꺼내는 게 유리할까?

먼저 꺼낼 때의 장점은 승리할 기회를 친구보다 먼저 잡을 수 있다는 점이다. 반면 단점은 하얀 돌을 꺼내지 못했을 때 기회를 친구한테 넘겨줘야 하는 데다가 이미 까만 돌을 하나 꺼냈기 때문에 친구가 승리할 확률이 더 높아진다는 점이다.

무작위성은 이해하기 쉽지 않은 개념이다. 사실 확률은 기초 수학 중에서 모순된 결과가 가장 많이 나오는 분야로 그 덕분에 수많은 유희 퍼즐들이 탄생했다. 가장 잘 알려진 몇몇 수학 퍼즐은 확률을 이용한 문제들이며 풀이가 직관과 완전히 반대되기로 악명 높다. 이번 장에서는 동전을 뒤집고 주사위를 굴리고 아이들의 성별을 낱낱이 알아볼 것이다. 대부분 문제에서는 직감적으로 떠오른 답이 완전히 오답임을 발견하게 될 것이다. 당황스럽겠지만 받아들여라.

이제 보이지 않는 그릇에서 사물을 꺼내는 문제로 돌아가자.

078 서랍 속 양말의 개수는?

캄캄한 방 안의 서랍장에는 같은 개수의 빨간 양말과 파란 양말이 있다. 당신은 무작위로 양말을 꺼내야 한다. 같은 색깔 양말 2켤레를 꺼낼 수 있다고 장담하려면 다른 색깔 양말을 각각 1켤레씩 꺼낼 수 있다고 장담할 때와 같은 개수의 양말을 꺼내야 한다. 서랍 속에는 양말이 총 몇 켤레 들어 있을까?

다음 문제도 옷과 관련된 수수께끼다.

079 주머니 속 잔돈은 총 얼마일까?

주머니에 동전 26개가 들어 있다. 그중 무작위로 동전 20개를 꺼낸다면 10페니 최소 1개, 20페니 최소 2개, 50페니 최소 5개가 섞여 있을 것이다. 주머니에 든 돈은 모두 얼마일까?

물건 고르기 퍼즐을 풀려면 대개 조합을 계산해야 한다. 그 예로 사물 2개로 만들 수 있는 조합은 총 몇 가지일까?

사물 A와 B가 있다면 {택하지 않음}, {A}, {B}, {A와 B}, 총 4가지 조합이 가능하다.

사물이 3개라면 어떨까?

A, B, C가 있다면 {택하지 않음}, {A}, {B}, {C}, {A와 B}, {A와 C}, {B와 C}, {A와 B와 C}까지 총 8가지 조합이 가능하다.

요약하면 n개의 사물이 있을 때 이 사물들을 택하는 방법은 2^n가지다.

이 정보가 도움이 될 수도 있겠다.

080 감자 1포대를 2개로 비등하게 나누려면?

총 중량이 2킬로그램인 포대에 감자가 11개 들어 있다. 감자를 꺼내 2더미로 나누었을 때 그 무게 차이가 1그램 이상 나지 않도록 만들 수 있음을 보여라.

081 봉지 15개에 나눠 담을 최소한의 사탕 개수는?

당신에게 비닐봉지 15장이 있다. 봉지마다 다른 개수의 사탕을 담으려면 사탕이 최소 몇 개 필요한가? 모든 봉지에 사탕을 1개 이상 담아야 한다.

퍼즐이 주는 효과는 다양하다. 퍼즐은 논리력을 길러 주고 흥미로운 개념들을 알려 주며 성취감을 선사하기도 한다.

퍼즐은 밤늦게 '불경하고 부정한' 생각들이 찾아올 때 이를 물리치도록 도와주는 '훌륭한 동지'도 되어 준다. 이는《이상한 나라의 앨리스》작가이자 독실한 신자였던 루이스 캐럴이 한 말이다.

캐럴(본명은 찰스 도지슨)은 옥스퍼드 대학교 수학과 학감이었으며, 유희 수학 퍼즐 72개를 담은 1893년 작《잠 못 이루는 밤 침대에서 풀어 보는 퍼즐》(Pillow Problems Thought Out During Sleepless Nights)에서는 자기혐오 치료제라며 퍼즐을 칭송했다. 책 내용은 제목 그대로다. 캐럴은 자신 역시 거의 모든 문제를 침대에 처박힌 채 고안했음을 밝혔을 뿐만 아니라(빅토리아 시대의 잠옷과 나이트캡을 상상해 보자.) 어떤 잠 못 이루는 밤에 어떤 문제를 만들었는지도 상세하게 적었다.

1887년 9월 8일 목요일, 캄캄한 와중에도 캐럴의 뇌에는 여전히 피가 팽팽 돌았음이 틀림없다. 그날 밤에 멋지고 황당한 퍼즐을 만들었으니까.

082 자루 안에 남아 있는 공이 흰색일 확률은?

자루 안에 공 1개가 들어 있다. 이 공이 흰색일 확률과 검은색일 확률은 50 대 50이다. 이제 자루 안에 흰색 공 하나를 넣는다. 자루 안의 공은 총 2개다. 자루를 묶고 흔들었더니 공 1개가 튀어나왔고 흰색이다. 자루에 남아 있는 공이 마찬가지로 흰색일 확률은 얼마나 될까?

다시 말해 자루 안에 흰색 공 하나를 넣은 뒤 흰색 공 하나를 뺀 셈이다. 상식적으로 정답이 50퍼센트라는 생각을 할 것이다. 초기 상태(자루 안 공은 알 수 없고 자루 바깥 공은 흰색이다.)에서 최종 상태(자루 안 공은 알 수 없고 자루 바깥 공은 흰색이다.)까지 아무것도 변하지 않은 것처럼 보이기 때문이다. 처음부터 자루에 있던 공이 흰색일 확률이 50퍼센트라면, 마지막에 자루에 남은 공이 흰색일 확률도 50퍼센트일까? 안타깝지만 전혀 그렇지 않다. 정답은 50퍼센트가 아니다.

《잠 못 이루는 밤 침대에서 풀어 보는 퍼즐》 제2판에서 캐럴은 오밤중의 묵상에 대하여 한발 물러서는 모습을 보였다. 그는 책 제목을 '잠 못 이루는 밤'(Sleepless Nights)에서 '지새우는 시간'(Wakeful Hours)으로 바꾸면서 "내가 만성 불면증에 시달리는 탓에 그토록 힘겨운 병마를 물리치고자 수학적 계산을 추천한 줄로만 알고 나에게 편지를 쓰며 나의 망가진 정신 상태를 걱정해 준 상냥한 친구들의 걱정을 달래기 위하여"로 제목을 바꿨다고 설명했다. 또한 그는 "불면증에 걸린 적이 없고, …… (수학적 계산은) 정신을 아무렇게나 내버려 둘 때 찾아들곤 하는 괴로운 생각을 물리쳐 주는 치료법"이라고 설명했다.

비슷한 시기, 프랑스 파리에서는 어느 수학자가 확률론 기초에 내재된 개념상 난제 때문에 골머리를 앓고 있었다. 다음은 1889년 조제프 베르트랑이 자신의 대표적인 교과서 《확률의 계산》(Calcul des Probabilités)에서 제시한 문제다. 루이스 캐럴의 퍼즐과 마찬가지로 이 문제 또한 무작위로 선택한 물체의 색과 관련 있다.

083 베르트랑의 상자 역설과 검은 주화가 남을 확률은?

똑같이 생긴 상자 3개가 있다. 상자 하나에는 검은 주화 2개, 다른 하나에는 하얀 주화 2개, 나머지 하나에는 검은 주화 1개와 하얀 주화 1개가 들어 있다.

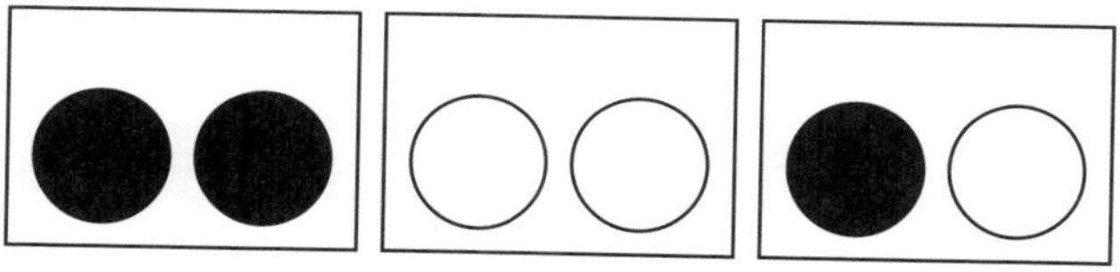

상자 하나를 무작위로 고른 뒤 상자 안을 들여다보지 않은 채로 주화 하나를 무작위로 골라 상자에서 꺼낸다. 당신이 꺼낸 주화는 검은색이다. 상자에 남은 나머지 주화 하나도 검은색일 확률은 얼마나 될까?

이 문제를 지금까지 한 번도 본 적이 없다면 아마 당신도 남들과 똑같은 부분에서 미끄러질 것이다.

가장 흔한 오답은 50퍼센트다.

대부분 상자에서 검은 주화를 꺼냈다면 상자에 남아 있는 주화가 검은색일 확률이 절반, 흰색일 확률이 절반이라고 생각한다. 그 이유는 이렇다. 만약 상자 하나를 무작위로 골라 검은 주화를 꺼냈다면 당신이 고른 상자는 첫 번째 또는 세 번째 상자일 것이다. 첫 번째 상자라면 나머지 주화도 검은색이고, 세 번째 상자라면 나머지 주화는 흰색이다. 그러므로 검은색 주화를 고를 확률이 둘 중 하나인 50퍼센트라고 생각하는 것이다. 이제 이 추론이 왜 틀렸는지 알아내야 한다.

정답이 50퍼센트가 아니라는 사실 때문에 이 문제는 '베르트랑의 상자 역설'이라는 이름으로 알려져 있다. 실제 정답이 증명 가능한데도 너무 오답처럼 느껴지기 때문이다.

앞의 두 문제 때문에 당황했다면 다음의 논의가 도움이 될 것이다.

역설, 퍼즐, 게임은 확률론이 태동할 때부터 그 중심에 있었다. 사실 무작위성을 처음으로 연구한 사람도 주사위 놀이를 이해하고자 했던 16세기 이탈리아 도박사였다. 동시에 수학자이자 의사, 점성술사이기도 했던 지롤라모 카르다노는 주사위 2개를 던진 뒤 나오는 수들의 합을 맞추는 소르스(sors)라는 도박을 즐겼다. 그는 합이 9가 되는 경우가 2가지(6, 3 그리고 5, 4), 10이 되는 경우도 2가지(6, 4 그리고 5, 5)이지만 왜인지 10보다 9가 더 자주 나온다는 점을 발견했다.

합이 9인 경우

주사위 A	주사위 B
6	3
3	6
5	4
4	5

합이 10인 경우

주사위 A	주사위 B
6	4
4	6
5	5

카르다노는 이 문제를 올바르게 분석하려면 위의 표와 같이 주사위를 각각 따로 고려해야 한다는 사실을 최초로 알아챘다. 두 주사위(A 그리고 B)를 던지면 확률이 같은 4가지 경우에서 9가 나오지만, 10이 나오는 경우는 3가지뿐이다. 9가 나오는 경우보다 10이 나오는 경우가 더 많으므로 주사위를 굴리면 굴릴수록 장기적으로는 10보다 9가 더 자주 나온다.

카르다노의 가르침 가운데 이번 장에서 특히 유용한 점이 있다면 무작위 사건을 분석할 때에는 같은 확률로 나올 수 있는 모든 경우를 표로 그려야 한다는 점이다. 다시 말해 '표본 공간'을 배우라는 말이다.

이제 같이 굴려 보자.

084 주사위로 다이어트를 한다면?

당신이 다이어트를 계획하면서 다음 규칙을 따르기로 했다. 매일 주사위를 던져 6이 나오는 날에만 디저트를 먹기로 한 것이다.

월요일부터 다이어트를 시작하면서 매일 주사위를 던진다.

처음으로 디저트를 먹을 확률이 가장 높은 요일은 언제일까?

085 주사위를 굴려 내기로 돈을 번다면?

당신은 1부터 6까지 숫자 가운데 하나에 100파운드를 걸 수 있다.
주사위는 3개를 굴린다. 택한 숫자가 나오지 않으면 당신은 판돈을 잃는다. 주사위 1개에서 나오면 100파운드를 따고 2개에서 나오면 200파운드를 따고 3개에서 모두 나오면 300파운드를 딴다.(모든 내기가 그렇듯이 이길 경우에는 걸었던 판돈도 돌려받는다.)
과연 당신에게 유리한 내기일까?

최대한 계산 없이 풀어 보자.

주사위 놀이는 매우 명확하고 이해하기 쉬운 무작위 사건으로 주사위를 1번 던졌을 때 6가지 결과가 같은 확률로 나올 수 있다. 동전 던지기도 매우 명확하고 이해하기 쉬운 무작위 사건으로 2가지 결과가 같은 확률로 나올 수 있다.

086 동전 던지기 기록 중 가짜인 것은?

여기 2가지 동전 던지기 결과가 있다. 하나는 실제로 동전을 던진 기록이고 하나는 내가 지어낸 가짜다. 둘 중 어느 게 가짜일까?

[1] 뒤 뒤 앞 뒤 뒤 뒤 뒤 뒤 앞 앞 뒤 앞 앞 뒤 뒤 앞 뒤 앞 앞 뒤 앞 앞 앞 앞 뒤 앞 앞 앞 뒤 뒤

[2] 뒤 뒤 앞 뒤 앞 앞 뒤 뒤 뒤 앞 뒤 앞 앞 앞 뒤 앞 앞 뒤 앞 앞 앞 뒤 뒤 앞 뒤 앞 뒤 뒤 앞 뒤

퍼즐 나라에서는 출산이 동전 던지기 대신 50 대 50 무작위 사건의 대표 주자가 되기도 한다. 동전을 던졌을 때 앞면 또는 뒷면이 나오듯 아이도 아들이거나 딸이기 때문이다. 확률 퍼즐은 동전의 앞면과 뒷면을 비교할 때보다 성비 균형을 이야기할 때 훨씬 더 다채로워지며 많은 생각을 불러 일으킨다. 실제로 확률 퍼즐이 매력적인 이유 중 하나가 바로 학술적이지 않은 일상 언어로 이루어져 있기 때문이다.

다음 퍼즐에서는 국가별 실제 성비 등을 잠시 무시해 보자. 남자아이와 여자아이가 태어날 확률이 같다고 가정하고 쌍둥이가 태어날 확률도 없다.

087 아이 4명으로 가능한 성별 조합은?

어느 부부가 아이를 4명 낳겠다는 계획을 세웠다. 아들 둘, 딸 둘이 될 가능성이 높을까 아니면 어느 한 성별이 셋이고 다른 성별이 하나일 가능성이 높을까?

088 남편과 아내 중 먼저 임신에 반대할 사람은?

브라운 부부는 자녀 계획을 세우고 있는 신혼부부다. 이들은 자녀를 몇이나 둘지를 놓고 이야기를 나눈다.
남편은 아들 둘을 연속으로 낳을 때까지, 아내는 딸 다음에 아들을 낳을 때까지라고 말한다. 어느 전략을 썼을 때 가족의 수가 더 적어질까? 다시 말해 이 부부가 아이를 낳기 시작한다면 아이를 그만 낳고 싶어지는 시점이 남편과 아내 중 누구에게 먼저 올까?

2010년 유희 수학자와 퍼즐 제작자, 마술사들이 모이는 미국 애틀랜타의 한 콘퍼런스에 참석했다. 격년으로 개최되는 '개더링 포 가드너'(Gathering 4 Gardner) 행사는 미국의 과학 저술가이자 앞서 언급한 분야의 전문가들을 한데 모으는 데 큰 공을 세운 마틴 가드너의 삶과 업적을 기리는 자리다.

이 콘퍼런스의 연사 가운데 1명이었던 게리 포시가 무대에 올라 발표를 시작했다. 그리고 다음과 같이 말했다.

"저는 아이가 둘입니다. 둘 중 1명은 화요일에 태어난 아들입니다.
제게 아들이 둘일 확률은 얼마나 될까요?"

그리고 그는 다른 말 없이 무대를 내려왔다. 청중은 대담한 발표에 놀라면서도 한편으로는 난데없는 화요일 언급에 당황하기도 했다.

화요일이 도대체 무슨 상관일까?

나는 그날 늦게 포시를 찾아갔다. 그는 정답이 27분의 13이라는, 너무 놀라워서 믿기 힘든 결과를 알려 주었다. 예상했겠지만 이는 전적으로 그가 요일을 언급했기 때문이다.

이듬해, 나는 '화요일에 태어난 아이' 문제를 〈뉴사이언티스트〉와 내 블로그에 실었다. 이후 몇 주 동안 온라인은 불신과 분노, 토론의 도가니탕이었다. 왜 그렇게 이상한 답이 나오는 걸까? 화요일에 태어났다고 하면 무엇이 달라지는 걸까? 수많은 수학자가 앞다투어 설명과 반박을 내놓았다. 정답이 27분의 13이라는 데 동의하는 이들도 있었고 의미론이나 문제의 모호성을 논하는 이들도 있었다. 퍼즐이(적어도 논쟁적인 퍼즐이) 이토록 빨리 전 세계로 퍼질 수 있음을 처음으로 직접 체험한 사건이었다.

이 문제의 풀이는 잠시 후 자세히 살펴보도록 하고 우선 화요일에 태어난 아이의 선조부터 살펴보자. 이 문제는 마틴 가드너가 1959년 〈사이언티픽 아메리칸〉에서 처음 제시한 쌍벽의 난제 중 하나로 당시에도 항의 서한을 한가득 받았다.

> 스미스 씨에게는 아이가 2명 있다. 이 중 적어도 1명이 아들이다. 아이들 모두 아들일 확률은 얼마인가?
>
> 존스 씨에게는 아이가 2명 있다. 큰아이는 딸이다. 아이들 모두 딸일 확률은 얼마인가?

빠르게 훑어보면 얼핏 두 문제가 같아 보인다. 한 문제는 아들이 둘일 가능성, 나머지는 딸이 둘일 가능성을 물어보고 있기 때문이다. 하지만 그렇지 않다. '이 중 적어도 1명'이라는 말 때문에 드넓은 혼란의 세계가 열린다.

존스 씨의 상황은 논란의 여지 없이 단순하다. 첫째가 딸이라면 성별이 알려지지 않은 아이는 둘째일 테고 아들 아니면 딸이다. 존스 씨가 딸만 둘 있을 확률은 둘 중 하나, 즉 2분의 1이다.

이제 문제의 스미스 씨를 살펴보자. '이 중 적어도 1명이 아들'이라는 말의 수학적 의미는 한 아이가 아들이거나, 다른 한 아이가 아들이거나, 둘 다 아들이라는 뜻이다. 이렇게 되면 아이 2명이 아들-딸일 경우와 딸-아들일 경우, 아들-아들일 경우가 모두 같은 확률로 가능하다. 따라서 아들-아들일 확률은 셋 중 하나, 즉 3분의 1이다.

참 이해하기 어려운 퍼즐이다. 거의 똑같아 보이는 두 문제가 서로 완전히 다른 답으로 이어지는 데다가 하나는 완전히 상식에 어긋난 것처럼 보이기 때문이다. 스미스 씨에게 아들이 있다는 건 알지만 그 아들이 첫째인지 둘째인지 모른다면 그에게 아들이 둘일 확률은 3분의 1이다. 그러나 아들이 첫째인 걸 안다면 (반대로 둘째인 걸 알 때도) 둘 다 아들일 확률은 2분의 1로 올라간다. 몇 번째 아이인지를 밝힌다고 해서 확률이 달라진다는 사실은 꽤 역설적이다. 어쨌든 우리는 아들이 첫째 혹은 둘째인 걸 알고 있다. 문의가 빗발치기 시작하면서 〈사이언티픽 아메리칸〉을 매대에서 찾아볼 수 없는 지경이 되었다. 독자들은 가드너가 스미스 씨 문제를 모호하게 설명했다고 지적했다. 아이에 대한 정보를 어떻게 얻는지에 따라 정답이 달라지기 때문이다. 이를 인정한 가드너는 확률 문제에서 모호성이 위험할 수 있음을 설명하는 후속 칼럼을 게재했다.

스미스 씨 문제를 완벽하게 만들려면 아이가 딱 2명 있는 모든 가족 중 무작위로 선택한 게 스미스 씨네라고 해야 한다.(아마 대부분 사람이 이렇게 이해했다고 말할 수도 있지만.) 그렇다면 두 아이 모두 아들일 확률은 3분의 1이다. 그러나 아이가 딱 둘인 모든 가족 중 무작위로 선택한 게 스미스 씨네인 상황에서 아들이 둘이면 '적어도 하나가 아들', 딸이 둘이면 '적어도 하나가 딸'이라 하고, 아들과 딸이 하나씩이라면 '적어도 하나가 아들'이라 할지 '적어도 하나가 딸'이라고 할지를 무작위로 선택하게 했다고 생각해 보자. 만약 그랬다면 아들이 둘일 확률은 2분의 1이다.(아들만 둘일 확률은 4분의 1, 딸만 둘일 확률은 4분의 1, 아들과 딸이 하나씩일 확률은 2분의 1이다. 그러므로 스미스 씨에게 아들이 둘일 확률은 $1/4+[1/2\times1/2]=1/2$이다.)

모호성의 함정은 곧 이와 같은 문제를 낼 때 이용 가능한 정보가 어떻게 주어지는지 명확히 밝혀야 한다는 뜻이다. 또 다른 문제는 타당성이다. 실제 상황에서 아이 둘을 둔 부모가 어느 아이가 아들인지 밝히지 않은 채

'적어도 하나가 아들'이라고 말하려면 어떤 상황이어야 할까?

다음 문제들에서 이 점을 다뤄 보자.

089 아들이나 딸이 2명 있을 확률은?

다음 문제에 등장하는 부모는 아이가 딱 2명 있는 모든 가족 중 무작위로 선택했다.

[1] 알베르트는 아이가 둘이다. 그에게 다음 설문지가 주어졌다.

다음 3가지 중에서 해당하는 1가지에 동그라미를 쳐라.
- 첫째 아이가 아들이다.
- 둘째 아이가 아들이다.
- 둘 다 아들이 아니다.

만약 둘 다 아들이라면 앞의 두 선택지 중 어느 곳에 동그라미 표시를 할지 동전을 던져 결정해라.

알베르트는 첫 번째 선택지('첫째 아이가 아들이다')에 표시했다. 두 아이 모두 아들일 확률은 얼마나 될까?

[2] 알베르트가 표시한 설문지를 본 어느 기자가 다음과 같은 기사를 썼다.

알베르트는 아이가 딱 둘인데 그중 큰아이가 아들이다. 이 글을 읽고 알베르트에게 아들이 둘일 확률이 2분의 1이라고 추론하는 것이 옳을까?

[3] 베스는 아이가 둘이다.

당신: 두 아이 중 1명을 떠올려 볼래요?

베스: 네, 마음속에 떠올렸어요.

당신: 그 아이는 딸인가요?

베스: 네.

베스가 딸만 둘일 확률은 얼마나 될까?

[4] 당신은 칼레브에게 두 아이가 있으며 그중 적어도 하나가 딸이라는 점만 알고 있다. 만약 큰아이가 딸인지 물어보거나 작은아이가 딸인지 물어본다면 칼레브가 두 질문 중 적어도 하나에는 "그렇다."라고 대답할 것임을 안다. 이를 아는 것만으로도 칼레브에게 두 딸이 있을 확률이 3분의 1에서 2분의 1로 달라질까?

[5] 1년 전, 나는 칼레브에게 아이가 딱 둘 있다는 사실을 알았다. 나는 "큰아이가 딸인가요?" 또는 "작은아이가 딸인가요?"라는 질문 가운데 하나를 칼레브에게 했다. 그가 "그렇습니다."라고 대답한 건 기억나지만 둘 중 어느 질문을 했는지는 기억나지 않는다. 나는 50 대 50의 확률로 둘 중 하나를 물어보았다. 칼레브의 두 아이 모두 딸일 확률은 얼마인가?

이는 톰 스타버드와 마이클 스타버드 형제가 만든 문제다.

(스타버드 부인에게 물어본다. 당신에게 두 아이가 있다. 둘 중 적어도 하나가 아들이다. 둘 다 수학자일 확률은 얼마나 될까?)

톰은 과학자로 나사(NASA)에서 오랫동안 일하면서 다수의 스페이스 미션을 수행했으며 화성 탐사선 큐리오시티 운행을 계속 돕고 있다. 한편 마이클은 텍사스 대학교 수학과 교수다. 마이클은 가정 학습 콘텐츠도 제작한다. 2000년대 초, 확률론에 관한 가정 학습 강의를 준비하던 형제는 가드너의 두 아이 문제, 즉 '스미스 씨에게 두 아이가 있으며 그중 하나가 화요일에 태어난 아들'이라는 문제가 어느 부분에서 꼬였는지 찾아냈다. 놀랍게도 아이가 어느 요일에 태어났는지 명시한다면 스미스 씨에게 아들이 둘 있을 확률은 2분의 1도 3분의 1도 아닌 그 중간의 어느 지점이 된다.(스미스 씨네가 아이가 둘인 모든 가족 중 무작위로 선정되었다고 가정한다.) 이 풀이는 이해하기 쉽지 않다. 문제의 그 아들이 화요일에 태어났을 확률은 어느 요일에 태어났을 확률과도 동일한데, 도대체 어떻게 태어난 요일을 아는 것만으로도 두 아이 모두 아들일 확률이 달라진다는 걸까?

스타버드 형제는 화요일에 태어난 아들 문제가 그토록 많은 불만과 짜증을 불러올 줄은 전혀 예상치 못했다. 마이클은 "명백히 관련 없어 보이는 무언가가 확률에 큰 영향을 미칠 수 있다는 생각을 거부하는 이들이 많았다."라고 말했다. "사람들은 크게 화를 냈다. 물론 놀랍고도 직관을 거스르는 결과들은 좋은 것이므로 사람들이 놀라는 편이 좋긴 하지만, 이 문제에서는 '아하!' 하고 깨닫는 순간이 언제까지고 오지 않는 것이다."

톰은 제트 추진 연구소에서 일하는 동료 2명이 이 퍼즐을 보더니 "거의 진심으로 화를 냈다."라며 "이 퍼즐은 몇몇 사람들을 크게 당황시키는 구석이 있다."라고 했다. 그는 사람들이 이러한 종류의 퍼즐에 감정적으로 반응하는 이유가 혹시 수학에 대한 근본적인 자신감을 건드려서인지 궁금해했다. "물론 무의식적인 측면에서도 속상할 것이다. 이를테면 이렇게 쉽게 쓰인 문제에서도 내 직관이 크게 틀린다면 다른 온갖 분야에서도 늘 오류를 범하고 있는 게 아닐까? 하는 생각이 들 수 있기 때문이다."

화요일에 태어난 아이 문제의 풀이(그리고 후속 논의)는 다음 문제 정답에서 볼 수 있다.

090 짝수 연도에 태어난 여자아이일 확률은?

도리스는 아이가 둘이며 그중 1명은 짝수 연도에 태어난 딸이다. 두 아이 모두 딸일 확률은 얼마나 될까?
도리스네는 아이가 둘인 모든 가족 중 무작위로 선정됐으며, 아이가 짝수 연도에 태어날 확률과 홀수 연도에 태어날 확률은 같다고 가정한다.

여기 우리의 직관을 속이는 또 다른 형제자매 문제가 있다. 좋은 소식이라면 이번에는 형제자매의 성별이나 생일과는 아무런 관련이 없다.

091 첫째 쌍둥이는 주로 몇 번째로 줄을 설까?

트웨인 가족의 쌍둥이 2명을 포함한 학생 30명이 점심을 받기 위해 한 줄로 서서 기다리고 있다. 학생들이 줄을 선 순서는 무작위다. 다시 말해 모든 학생은 같은 확률로 어느 순서에나 설 수 있다. 학생들이 한 줄로 서 있으므로 트웨인 쌍둥이 중 1명이 다른 1명보다 앞에 서 있을 것이다. 이 아이를 '첫째' 쌍둥이라고 해 보자.
만약 당신이 첫째 쌍둥이가 특정 순서(즉 줄에서 첫 번째, 두 번째, 세 번째……)로 줄을 선다는 데 내기를 걸고 싶다면 어느 순서에 거는 게 가장 확률이 높을까? 다시 말해 30명이 매일 점심을 받기 위해 줄을 선다면 첫째 쌍둥이는 몇 번째 순서에 가장 자주 설까?

학생들은 무작위로 줄을 서기 때문에 장기적으로 보자면 모든 학생이 모든 순서에 거의 같은 횟수로 설 것이다. 그러나 여기서 직관에 어긋나는 부분은 쌍둥이 중 더 앞에 서 있는 아이가 다른 순서보다 특정 순서에 더 많이 서게 된다는 점이다.

수학적 통계학의 발달은 곧 19세기 현대적 데이터의 통계, 수집, 분석 및 해석을 탄생시켰다. 통계학에서 건너온 중요한 개념 가운데 하나는 데

이터 집합의 '평균'이다. 학교에서 배웠던 게 기억나는가? 일반적으로 평균의 종류는 평균값(모든 값을 더한 뒤 총 개수로 나눔), 중앙값(모든 값을 크기순으로 정렬했을 때 중앙에 위치한 값), 최빈값(가장 많이 관측되는 값) 등으로 나눌 수 있다. 데이터 연구에서 흔히 들을 수 있는 또 다른 용어로는 범위(range), 즉 최댓값과 최솟값의 차이가 있다.

092 평중최범의 범위가 5인 5개 숫자는?

평균값, 중앙값, 최빈값, 범위가 모두 5인 5개 숫자 2세트를 찾아보자. 양의 정수만 가능하다.

평균은 오해하기 쉽다. 데이터를 어떻게 합산하는지에 따라 모든 게 달라지기 때문이다.

093 통계도 거짓말을 할 수 있다고?

어느 중고등학교를 책임지는 교장이 있다. 모든 학생의 성적을 줄 세웠을 때 수학에서 중앙값인 학생의 성적은 C다.
교장이 수학 교과 체계를 재편했고 이듬해 중앙값 점수를 받은 학생이 D를 받았다.
그런데 실제로는 교장 덕분에 모든 학생의 성적이 올랐다면 이건 어떤 상황일까?

교장은 모든 학생의 점수를 알 수 있다. 그러나 통계학자들은 모든 데이터를 다 확보하지 못할 때도 많고 확률을 바탕으로 추정해야 할 때도 있다.

094 마라톤 대회에 참가한 사람은 모두 몇 명일까?

당신은 동네에서 마라톤 대회가 열린다는 사실을 알고 있다. 창밖을 내다보았더니 어느 참가자가 가슴에 251번을 단 채 지나갔다.

대회 주최 측에서 모든 참가자에게 1번부터 순서대로 번호를 발급했다면, 그리고 방금 지나간 사람이 당신이 본 유일한 참가자라면, 이 대회에 참가한 사람이 총 몇 명이라고 추측하는 게 최선일까? '최선의 추측'이란 곧 당신이 관찰한 바의 가능성을 최대한 높일 추측이다.

계속해서 스포츠로 가 보자.

095 파이트 클럽에 가입하려면?

명망 높은 격투기 클럽 골든 케이지에 가입하려면 링 위에서 2번 연속 승리해야 한다. 당신은 총 3번 시합에 출전한다. 당신의 상대는 무시무시한 비스트와 상대적으로 덜 무시무시한 마우스다. 실제로 당신이 비스트를 이길 확률은 5분의 2지만 마우스를 이길 확률은 10분의 9라고 추정한다.

당신은 다음의 2가지 시합 순서 가운데 하나를 고를 수 있다.

- 마우스, 비스트, 마우스
- 비스트, 마우스, 비스트

골든 케이지에 가입할 확률을 최대한 높이려면 어떤 순서로 시합해야 할까?

096 풀잎으로 커다란 매듭을 지으려면?

다음은 구소련 시골 지역에서 여자아이들이 하던 놀이다. 한 아이가 풀잎 6가닥을 그림과 같이 손에 쥔다.

또 다른 아이가 주먹 위로 튀어나온 풀잎 가닥들을 2개씩 3쌍으로 매듭짓고, 반대편으로 튀어나온 풀잎 가닥들도 동일하게 매듭지었다. 주먹을 펼쳤을 때 풀잎들이 커다란 고리 모양으로 서로 이어져 있다면 이 소녀가 1년 안에 짝을 만나리라는 의미였다.
이 놀이에서 아이가 1년 안에 짝을 만나겠다는 말을 들을 가능성이 듣지 못할 가능성보다 높을까?

사랑을 찾아 떠나는 여행에는 위험과 운, 확률이 끼어든다. 다음 퍼즐의 원형은 종이에 숫자를 적는 문제였지만 나중에는 손가락에 반지를 끼는 문제로 변형된다.

097 가장 큰 수가 적힌 종이를 선택하려면?

무작위로 정한 숫자 3개가 종이 3장에 각각 적혀 있다. 이 수는 분수와 음수를 포함해 어떤 수라도 될 수 있다. 종이는 숫자가 보이지 않도록 뒤집혀 있다. 당신의 목표는 가장 큰 수가 적힌 종이를 선택하는 것이다.

우선 종이 하나를 선택해 뒤집는다. 수를 확인한 다음 가장 큰 수라고 생각되면 선택할 수 있다. 게임은 여기서 종료된다. 하지만 첫 번째 종이를 무시하고 나머지 종이 중 하나를 더 뒤집어 볼 수도 있다. 마찬가지로 두 번째 종이를 뒤집어 수를 확인하고 가장 큰 수라고 생각되면 선택할 수 있다. 혹은 두 번째 종이를 무시하고 마지막 종이를 뒤집어 본 뒤 이 수가 제일 큰 수라며 선택할 수도 있다.

첫 번째 종이에 적힌 수가 가장 큰 수일 확률은 3분의 1이다. 3가지 선택지 중 무작위로 하나를 선택했기 때문이다. 그렇다면 나머지 종이 2장 중 가장 큰 수가 적힌 종이를 제대로 고를 확률을 3분의 1보다 높이려면 어떤 전략을 취해야 할까?

추가 문제도 풀어 보자. 이번에는 종이가 2장뿐이다. 각 종이에는 무작위로 정한 수가 적혀 있다. 종이는 숫자가 보이지 않도록 뒤집혀 있다. 당신은 어느 종이에 더 큰 숫자가 적혀 있을지 맞히기에 앞서 2장 중 1장을 뒤집어 볼 수 있다.

가장 큰 수가 적힌 종이를 고를 확률을 2분의 1 이상으로 높일 수 있을까?

그렇다. 두 문제 모두 적절한 전략만 있다면 확률을 더 높일 수 있다. 종이가 2장뿐인 문제의 풀이는 이 책을 통틀어 가장 놀랍고 충격적이다. 종이 2장에 적힌 수는 어떤 수라도 될 수 있으며 그중 하나만 미리 볼 수 있다. 그런데도 둘 중 어느 종이에 더 큰 수가 있을지 추측할 수 있고 50퍼센트 이상의 확률로 맞힐 수 있다.

그런데 이 모든 게 결혼과는 무슨 상관일까?

화요일에 태어난 남자아이 문제와 마찬가지로 종이 뒤집기 퍼즐 또한 마틴 가드너와 그가 1959년부터 1980년까지 기고했던 〈사이언티픽 아메리칸〉 칼럼에서 그 기원을 찾을 수 있다. 1960년 그는 이 퍼즐에서 원하는 만큼 새로운 종이를 뒤집어 볼 수 있는 응용문제를 제시했다. 각기 다른 수를 무작위로 적은 종이들을 잔뜩 뒤집어 놓고 시작하는 것이다. 이번에도 가장 큰 수가 적힌 종이를 선택하는 것이 목표다. 종이를 몇 장이든 뒤집어 볼 수 있지만, 일단 뒤집었다면 그 종이를 선택하고 아직 보지 않은 나머지 종이들을 포기하든 그 종이를 포기하고 다른 종이를 보든 해야 한다.(응용문제에 대한 풀이 또한 뒤에서 볼 수 있다.)

가드너는 이 게임이 여성의 남편감 찾기를 본떠 만들었음을 시사했다. 어느 여자가 1년 동안 각기 다른 면모를 지닌 남자 10명과 선을 보기로 결정했다고 하자. 이 여자는 남자들을 만나며 각각의 남자가 청혼할 의

향이 있는지 파악하려 한다.(여자가 허락한다면 남자는 청혼할 것이고 여자는 그것을 받아들이리라고 가정한다.) 남자들은 종이와 같고 종이에 적힌 수는 남편감으로서의 점수와 같다. 물론 여자는 가장 훌륭한 남편감과 결혼하고자 한다.(즉 점수가 가장 높은 사람을 택하고자 한다.) 또한 선을 보기 시작한 후로는 다음 규칙을 따르기로 했다. 어느 남자에게 청혼을 허락한다면 아직 만나지 않은 나머지 남자들과는 선을 보지 않는다. 그리고 청혼한 남자를 거절한다면 나중에라도 그 남자에게 돌아가지 않는다. 어느 종이 1장을 선택하고 나머지를 포기하거나 선택하지 않고 다음 종이를 살펴보는 것과 같은 맥락이다. 가드너의 단순화(그리고 약간의 회의적인 논조)에 동의하지 않을 수도 있겠지만 어쨌든 이 퍼즐은 '결혼 문제'로 알려졌다. 이 문제에서 사용된 수학은 '최적 정지'(optimal stopping)라는 영역이다. 어떤 과정을 얼마든지 계속할 수 있다고 한다면 과거에 있었던 일들로 미루어 볼 때 이 과정을 언제 멈추는 것이 가장 유리할까?

다음 퍼즐 또한 1959년 마틴 가드너가 〈사이언티픽 아메리칸〉 칼럼에서 제시한 문제다. 이 퍼즐은 지난 50여 년간 가장 까다로운 확률 퍼즐로 악명을 떨쳤다.

098 죄수가 사면될 확률은 얼마나 될까?

죄수 A, B, C의 사형 집행일이 다음 주로 다가왔다. 교도소장은 선처를 베풀고자 3명 중 1명을 무작위로 골라 사면하기로 결정했다. 그는 죄수들을 각각 일대일로 방문해 이 소식을 전하면서 누가 사면될 것인지는 사형 집행일 당일까지 밝히지 않을 것이라고 덧붙였다.

자신이 셋 중 가장 똑똑하다고 생각하는 죄수 A가 교도소장에게 다음과 같이 물었다.

"누가 사면될지는 말씀을 안 해 주실 테니, 그 대신 처형될 죄수의 이름을 말해 주실 수 있나요? 만약 B가 사면된다면 C의 이름을 말해 주시고 C가 사면된다면 B의 이름을 말해 주시고, 만약 제가 사면된다면 B와 C 중에서 동전 던지기로 결정한 한 사람의 이름을 말해 주세요."

교도소장은 밤새 A의 부탁을 두고 고심했다. 처형될 죄수의 이름을 A에게 말해 주는 것이 사면될 죄수의 이름을 말해 주는 것과 다른 일이라고 생각한 그는 A의 질문에 대답하기로 결정했다. 다음 날 A의 수감실로 찾아간 교도소장은 B가 처형될 것이라고 말해 주었다.

A는 크게 기뻐했다. B가 확실히 처형된다면 A 또는 C가 사면될 테고, 이는 곧 A가 사면될 확률이 3분의 1에서 2분의 1로 높아졌다고 생각했기 때문이다.

A는 이 소식을 C에게 전했고 C 또한 크게 기뻐했다. 그 또한 자신이 사면될 확률이 3분의 1에서 2분의 1로 높아졌다고 생각한 것이다.

두 사람의 생각이 맞았을까?

만약 틀렸다면, 두 사람이 사면될 확률은 각각 얼마인가?

어쩐지 익숙하게 느껴질 것이다. 이 퍼즐의 중심에는 바로 몇 페이지 앞에서 다룬 베르트랑의 상자 역설이 있다. 이 퍼즐은 또한 뿔과 턱수염이 난 동물과 자동차, TV 쇼 진행자가 등장하는 훨씬 더 유명한 퍼즐 하나와도 형태가 동일하다. 이 진행자는 1963년부터 1990년까지 미국의 게임 쇼 〈렛츠 메이크 어 딜〉(Let's Make a Deal)을 이끌었던 몬티 홀이다. 쇼의 마지막 라운드는 문 3개 중 1개 뒤에 상품을 숨겨 놓은 후, 참가자가 이 중 하나를 열어 상품이 있다면 그것을 획득하는 게임이었다.(이 게임 쇼는 미국 외 지역에서는 그다지 인기를 끌지 못했다. 영국에서는 마이크 스미스와 줄리언 클래리가 진행하는 영국 버전 게임 쇼가 1989년 한 시즌 동안 방영되었다.) '몬티 홀의 문제' 전체 버전은 다음과 같다.

> 당신은 〈렛츠 메이크 어 딜〉 마지막 라운드까지 살아남았다. 당신의 눈앞에 3개의 문이 있다. 어느 하나의 문 뒤에는 고급 승용차가, 나머지 2개의 문 뒤에는 염소가 기다리고 있다. 당신의 목표는 자동차가 있는 문을 선택하는 것이다.
> 진행자 몬티 홀이 일단 당신이 문 하나를 선택하면 자신이 다른 문을 열어 염소를 보여 줄 거라고 말한다.(진행자는 어느 문 뒤에 자동

차가 있는지 알 수 있으므로 언제든 염소가 있는 문을 열어 보여 줄 수 있다. 만약 참가자가 자동차가 있는 문을 선택한다면 나머지 문 2개 중 무작위로 하나를 선택하여 열면 된다.)

게임이 시작되었고 당신은 1번 문을 골랐다.

몬티 홀이 2번 문을 열어 염소를 보여 준다.

이제 진행자는 당신에게 그대로 1번 문으로 가도 되고 3번 문으로 선택을 바꿔도 된다고 한다.

과연 바꾸는 것이 유리할까?

이 문제는 1975년 캘리포니아 대학교 젊은 통계학과 교수였던 스티브 셀빈이 기초 통계학 수업을 위해 고안했다. 그가 처음으로 이 문제를 던지자 교실 안에서 대혼란이 빚어졌다. 그는 "학생들이 마치 전쟁처럼 편을 갈라 싸웠다."라고 회고했다. 당신이라면 선택을 고수할 것인가 바꿀 것인가?

아마 처음에는 선택을 바꿔도 아무런 소용이 없다고 대부분 대답할 것이다. 문 2개가 남아 있고 둘 중 무작위로 선택된 하나의 문 뒤에 자동차가 기다리고 있음을 알고 있기 때문에 직관적으로 생각하면 각각 문 뒤에 자동차가 있을 확률은 2분의 1인 듯하다.

그렇지만 틀렸다. 선택을 바꾸는 것이 정답이다.

사실 선택을 바꾼다면 당신이 자동차를 획득할 확률은 2배로 올라간다. 만약 당신이 처음 선택을 고수한다면 자동차를 획득할 확률은 3분의 1이다. 닫힌 문은 3개며 그중 맞는 문을 선택할 가능성은 3분의 1이다. 몬티 홀이 다른 문 하나를 열어도 당신의 확률은 변하지 않는다. 당신이 어떤 문을 선택하든 몬티 홀은 늘 다른 문 하나를 열기 때문이다.

반면 당신이 선택을 바꾼다면 자동차를 획득할 확률은 3분의 2로 높아진다. 만약 당신이 첫 번째 문을 선택했다면 앞에서 설명했듯 당신의 선택이 옳을 확률은 3분의 1이다. 이는 다시 말해 자동차가 다른 문 뒤에 있을 확률이 3분의 2라는 뜻이다. 몬티 홀이 당신이 고르지 않은 문 2개 중 하나를 열고 그 뒤에 있던 염소를 보여 줬다면 이제 남아 있는 '다른 문'은 하나밖에 없다. 그러므로 바로 이 남은 문 뒤에 자동차가 있을 확률은 3분의 2가 된다.

이해가 잘 되지 않거나 직관에 어긋나는 것 같다고 해도 당신만 그런 게 아니니 걱정할 필요 없다. 1990년 칼럼니스트 메릴린 서번트는 미국에서 큰 인기를 끌던 잡지 〈퍼레이드〉에 이 퍼즐에 관한 칼럼을 실었다. 서번트는 게임 참가자가 선택을 바꿔야 한다고 했다. 그러나 기사가 나간 후 그 의견에 반대하는 편지가 10,000통 가까이 날아들었다. 이 중 거의 1,000통은 이름 뒤에 'Ph.D'(박사 학위—옮긴이)를 쓰는 사람들이 보낸 편지였다. 폭풍 같았던 이 사건은 〈뉴욕 타임스〉 1면을 장식하기도 했다.

몬티 홀 문제를 해결하려면 매우 세심한 사고가 필요하다. 스핑크스의 두 번째 수수께끼인 두 자매 문제처럼 말이다.

099 몬티 콰당 문제에서 당신의 선택은?

당신은 〈렛츠 메이크 어 딜〉 마지막 라운드까지 살아남았다. 당신 눈앞에 3개의 문이 있다. 하나의 문 뒤에는 고급 승용차가, 나머지 문 뒤에는 염소가 있다. 당신의 목표는 자동차가 있는 문을 선택하는 것이다.

진행자 몬티 홀이 일단 당신이 문 하나를 선택하면 자신은 다른 문을 열고 염소를 보여 줄 거라고 말한다.(진행자는 어느 문 뒤에 자동차가 있는지 알고 있으므로 언제든 염소가 있는 문을 열어 보여 줄 수 있다. 만약 참가자가 자동차가 있는 문을 선택한다면 나머지 두 문 중 무작위로 하나를 선택하여 열면 된다.)

게임이 시작되었고 당신은 1번 문을 골랐다.

몬티 홀이 문으로 다가가다 발을 헛디뎌 앞으로 고꾸라지면서 당신이 선택하지 않은 2개의 문 중 하나를 실수로 또 무작위로 열어 버렸다. 그가 연 문은 2번이었고 열린 문으로 염소가 보였다.

몬티 홀이 무릎을 털고 일어나 당신에게 그대로 1번 문으로 가도 되고 3번 문으로 선택을 바꿔도 된다고 말한다.

과연 바꾸는 것이 유리할까?

몬티 홀의 유명세 덕분에 이와 비슷한 '고수하느냐 바꾸느냐' 문제가 줄지어 탄생했다.

100 러시안 룰렛으로 살아남기?

당신은 의자에 묶여 있다. 당신을 납치한 미치광이는 당신을 데리고 러시안 룰렛 게임을 하기로 했다.

미치광이는 리볼버를 집어 들고 탄창을 연 뒤 6개 약실이 모두 비어 있는 모습을 당신에게 보여 주었다.

이제 그가 총알 2개를 약실 6개 중 2개에 하나씩 넣는다. 그러고는 탄창을 닫고 회전시켰다. 당신은 이제 어느 약실에 총알이 들었는지 알 수 없다.

미치광이는 당신의 관자놀이에 총구를 대고 방아쇠를 당겼다. 탁! 운 좋게 살아남았다.

"다시 쏠 거야." 그가 말한다.

"지금 방아쇠를 당길까 아니면 탄창을 회전시킨 다음에 쏴 줄까?"

만약 총알이 바로 옆 약실에 들어 있다면 어느 쪽이 당신에게 더 유리할까?

만약 총알이 바로 옆 약실에 들어 있지 않다면 어느 쪽이 당신에게 더 유리할까?

생존을 축하한다. 이 책을 읽는 동안 두뇌 마사지를 제대로 받았기를 바란다.

이번 장에서는 금융부터 통계, 버스의 운행 빈도까지 현대 사회의 수

많은 영역을 떠받치고 있는 확률을 다뤄 보았다. 확률에서는 함정에 빠지기가 매우 쉽다. 확률을 오해하기 쉽다는 걸 잘 알수록 더 나은 결정을 내릴 수 있다.

내 목표는 이 책을 통해 당신에게 새로운 개념과 현명한 전략 등 무언가 배울 만한 점 또는 그저 놀라움을 선사하는 퍼즐을 소개하는 것이었다. 또한 당신의 창의력에 불을 붙이고 호기심을 자극하며 논리 추론 능력을 갈고닦는 한편 당신과 유머 감각을 나누고 싶었다. 현실의 문제들은 대부분 누가 정답을 알려 주지 않는다. 다행히도 여기 실린 문제들에 대해서는 정답을 알려 줄 수 있다. 함께 보자!

정답 및 해설

맛보기 문제

맛보기 문제 1 숫자 수수께끼

01

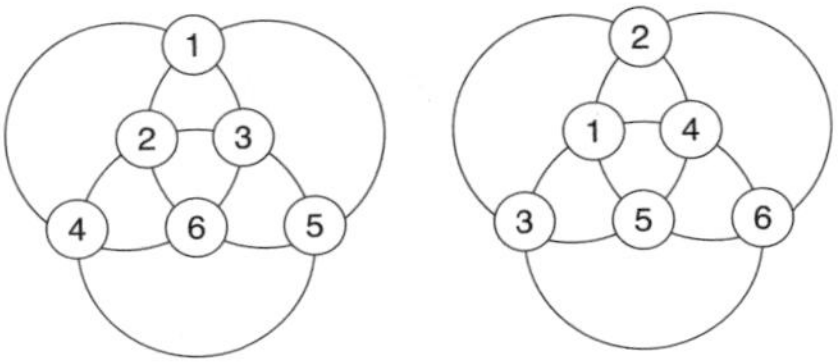

02

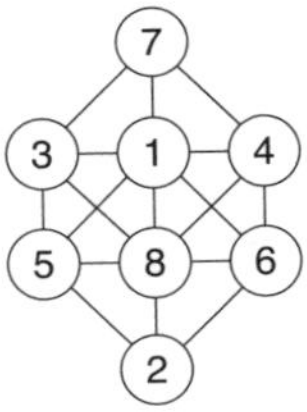

03

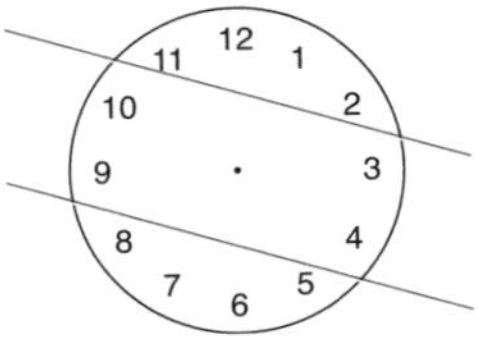

04

$3 \times 4 = 12$

$13 \times 4 = 52$

$54 \times 3 = 162$

$12 = 3 + 4 + 5$

$2 \times 6 = 3 + 4 + 5$

$3 + 6 = 4.5 \times 2$

$9/12 + 5/34 + 7/68$

05

우선 5와 7을 제외한다. 5를 넣을 경우 5가 포함된 줄의 숫자들을 곱한 값은 5로 나눌 수 있다. 그러나 1부터 9까지 숫자들 중 5를 제외한 다른 어떤 숫자도 5로 나눌 수 없으므로 5가 없는 줄의 숫자들을 곱한 값은 5로 나눌 수 없다. 7 또한 마찬가지다.

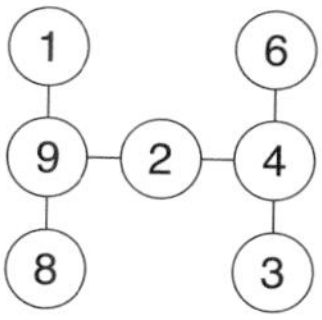

06

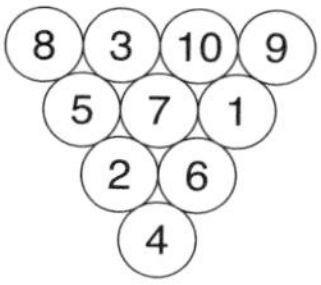

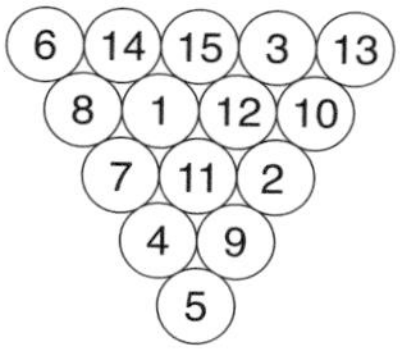

맛보기 문제 2 까다로운 격자

01

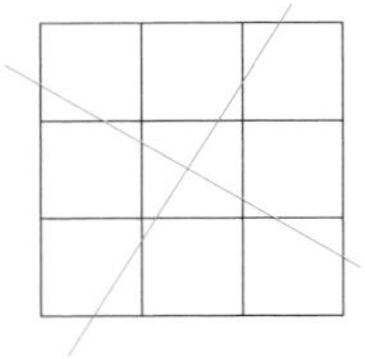

02

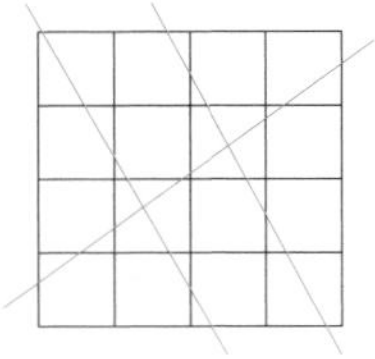

03

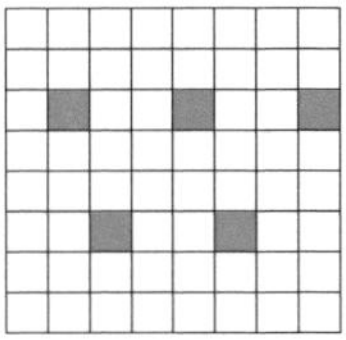

04 여러 해답 중 하나는 다음과 같다.

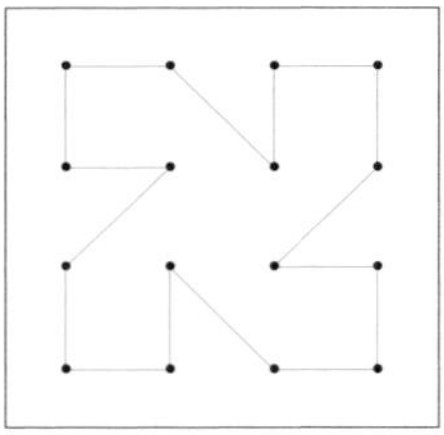

05 총 20개 정사각형을 그릴 수 있다. 직각으로 이어 그리면 1×1인 9개, 2×2인 4개(이 중 2개는 아래 그림에서 확인할 수 있으며 나머지 2개는 이 사각형들을 빈 공간으로 옮겨 그리면 된다.), 3×3인 1개를 그릴 수 있으며 대각선으로 이어 그리면 45도 기울기로 2개, 그보다 더 작은 각도로 2개를 그릴 수 있다.

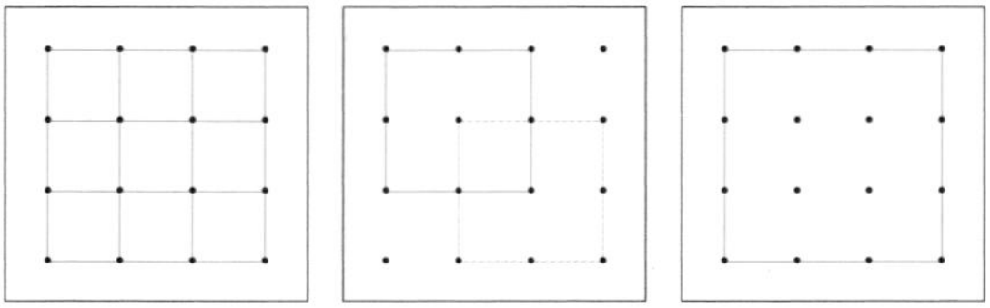

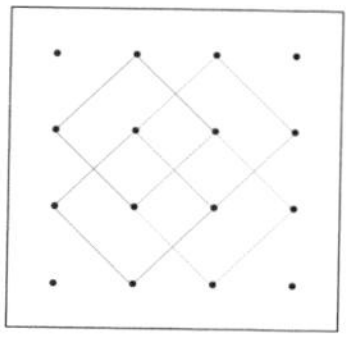 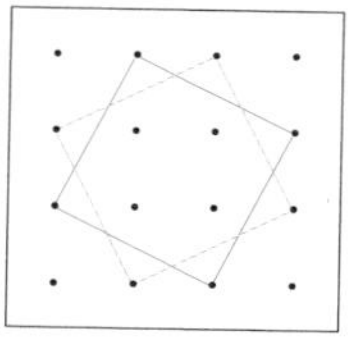

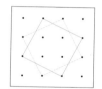

06

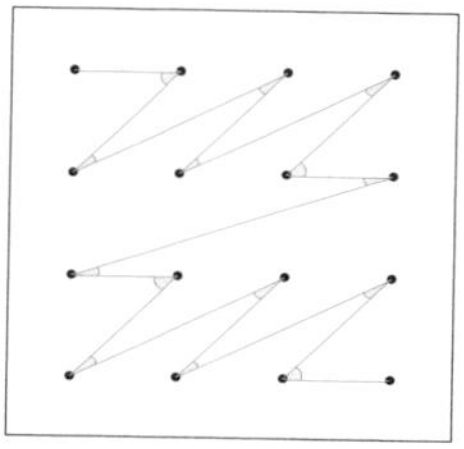

맛보기 문제 3 왁자지껄 수수께끼

01 두 아이는 세쌍둥이 중에서 둘이다.

02 손자들은 아이가 없더라도 위대할 수 있다.(증손자 'great – grandchildren'과 위대한 손자 'great grandchildren'를 이용한 말장난 — 옮긴이)

03 비행기는 해발 고도 1,600미터에 위치한 공항에 서 있다.

04 여자는 물속을 잠수하고 있다.

05 남학생이 사는 곳은 노르웨이 혹은 캐나다 북쪽 꼭대기 마을이라 해가 3개월씩 저물지 않을 때도 있다.

06 복싱 선수는 개다.

07 몰리는 소리를 듣지 못한다.

08 그녀는 일자리 센터에서 일하고 있다.

09 할머니는 당신의 여권 발급 증인이 되어 주었다.(미국 등 몇몇 국가에서는 여권 발급 시 다른 여권 소지자가 증인을 서야 한다.—옮긴이)

10 남자가 지구가 도는 것보다 더 빠른 속도로 서쪽을 향해 비행하고 있다.

맛보기 문제 4 봉가드 퍼즐

01 왼쪽: 점 3개가 동일선상에 있다. 오른쪽: 점 3개가 동일선상에 있지 않다.

02 왼쪽: 원 2개가 서로 다른 곡선에 붙어 있다. 오른쪽: 원 2개가 같은 곡선에 붙어 있다.

03 왼쪽: 도형 안 원의 개수가 도형 바깥의 원보다 많다. 오른쪽: 도형 안 원의 개수가 원 도형 바깥의 원보다 적다.

04 왼쪽: 도형의 반대 방향을 향해 검은 영역이 점점 넓어진다. 오른쪽: 도형의 반대 방향을 향해 검은 영역이 점점 좁아진다.

제1장

퍼즐 동물원

동물 퀴즈

001 토끼 3마리가 양쪽 귀를 다 가지려면?

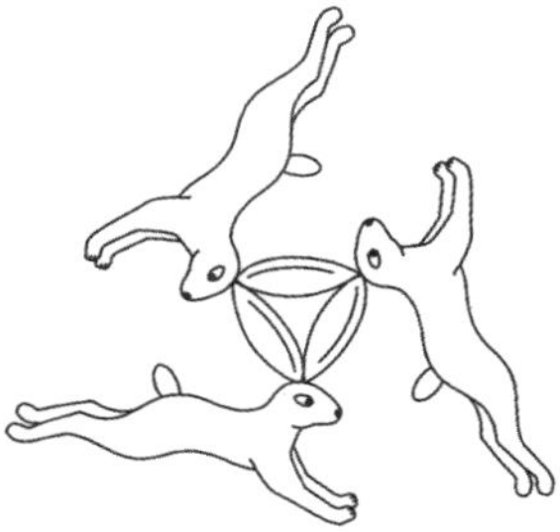

002 죽은 개가 다시 살아나 움직이려면?

선 4개를 찾아보자. "잡았다, 요놈!"

손을 대니 개들이 달아난다.

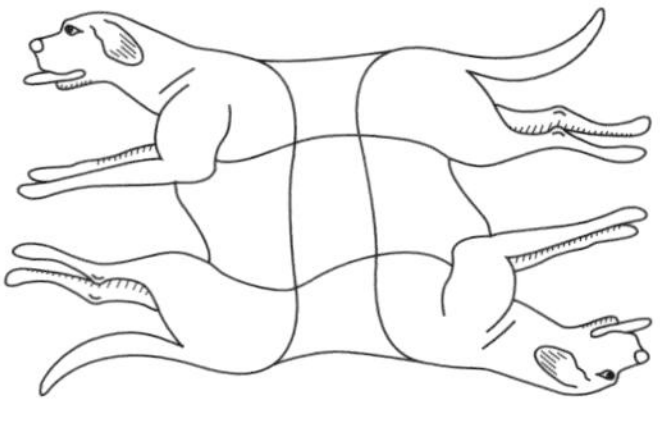

003 토끼 1쌍이 1년 후에는 총 몇 쌍이 될까?

개가 토끼를 물었을 때 토끼는 이미 죽어 있었으니 다쳤다고 할 수 없다.

004 암컷 토끼가 평생 낳는 자손의 수는?

암컷 토끼 1마리에게는 28조 마리의 자손이 생긴다. 지구상에 살았던 모든 인류를 합친 수보다 300배 정도 많은 수다.

어떻게 그렇게 되는지 알아보자.

토끼는 생후 첫 6개월 동안 새끼를 배지 못한다. n번째 달이 끝나는 시점의 암컷 토끼 마릿수를 M(n)이라고 한다면 다음과 같이 쓸 수 있다.

$M(1) = M(2) = M(3) = M(4) = M(5) = M(6) = 1$

토끼는 일곱 번째 달 막바지에 드디어 새끼 6마리를 낳고 그중 3마리는 암컷이다. 또 연말까지 매달 암컷 새끼 3마리를 낳을 것이다. 매월 마릿수는 전월 마릿수를 이용해 구할 수 있다.

$M(7) = 1 + 3 = 4$

$M(8) = M(7) + 3 = 7$

$M(9) = M(8) + 3 = 10$

$M(10) = M(9) + 3 = 13$

$M(11) = M(10) + 3 = 16$

$M(12) = M(11) + 3 = 19$

둘째 해, 토끼에게 손자 손녀가 생기기 시작한다. 둘째 해의 첫째 달, 토끼는 또다시 암컷 새끼 3마리를 낳고, 토끼가 맨 처음 낳았던 새끼 토끼들도 각각 3마리를 낳는다. 전월 마릿수에 비해 3마리씩 4개 조가 늘어나는 셈이다.

$M(13) = M(12) + 4 \times 3 = 31$

둘째 해의 두 번째 달, 토끼는 또 암컷 새끼 3마리를 낳고, 맨 처음과 두 번째에 낳았던 새끼 토끼들도 3마리씩 낳는다. 3마리씩 7개 조가 늘어나는 셈이다.

$M(14) = M(13) + 7 \times 3 = 52$

$M(15) = M(14) + 10 \times 3 = 82$

$M(16) = M(15) + 13 \times 3 = 121$

이쯤에서 규칙을 발견해 낸 사람도 있을 것이다. 새로 태어나는 암컷 토끼의 수는 6개월 전의 마릿수에 3을 곱한 수다. 다시 말하자면

$M(14) = M(13) + 3 \times M(8)$

$M(15) = M(14) + 3 \times M(9)$

$M(16) = M(15) + 3 \times M(10)$

이를 식으로 다시 쓴다면 $M(n) = M(n-1) + 3M(n-6)$이 된다. 여기서 $M(n-1)$은 전월까지의 누적 마릿수를 의미하며, $3M(n-6)$은 6개월 전에도 살아 있었으며 이제는 새끼를 낳을 수 있고 낳을 수밖에 없는 모든 암컷 토끼에게 각각 암컷 새끼 3마리가 생긴다는 의미다. 토끼 수명은 7년, 즉 84개월이므로 M(84)를 알아내면 된다.

이를 일일이 손으로 계산하려면 너무 오래 걸린다. 컴퓨터의 도움을 받는다면 14,340,818,086,651이라는 숫자가 튀어나온다.

하지만 아직 정답이 아니다. 우선 1을 빼야 하고(이 모든 자손을 낳은 첫 번째 토끼는 제외한다.) 암컷 토끼가 태어날 때마다 수컷 토끼도 같은 수로 태어나니 2를 곱해야 한다.

최종 정답은 28,681,636,173,300마리 자손이다.

그야말로 토끼 밭이다!

005 개구리가 마지막 연잎에 도달하려면?

토끼가 힌트를 줬다. 정답은 피보나치수열의 아홉 번째 항, 55다.

이런 유의 퀴즈들이 대개 그렇듯 풀이 첫 단계는 문제를 단순화하고 규칙을 찾는 것이다. 연잎이 2장만 있을 때라면 첫째 연잎에서 둘째 연잎으로 가는 방법은 단 1가지, 1단 점프 1번뿐이다. 연잎이 3장이라면 방법은 2가지, 1단 점프 2번 혹은 2단 점프 1번이다. 연잎이 4장이면 방법은 3가지, 1단 점프 3번 혹은 1단 점프에 이어 2단 점프를 하거나 2단 점프에 이어 1단 점프를 하는 방법이다.

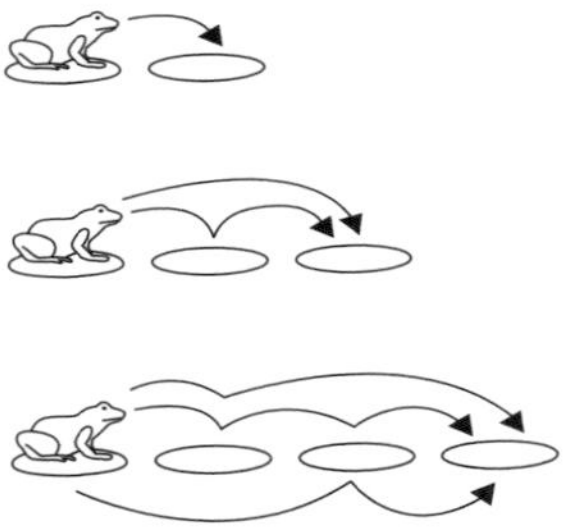

아래 그림처럼 연잎이 5장인 경우를 생각해 보자. 개구리의 첫 번째 점프는 A 또는 B를 향한다. 그러므로 마지막 연잎으로 가는 방법의 수는 A로 가는 방법의 수 더하기 B로 가는 방법의 수, 즉 $2 + 3 = 5$가 된다.

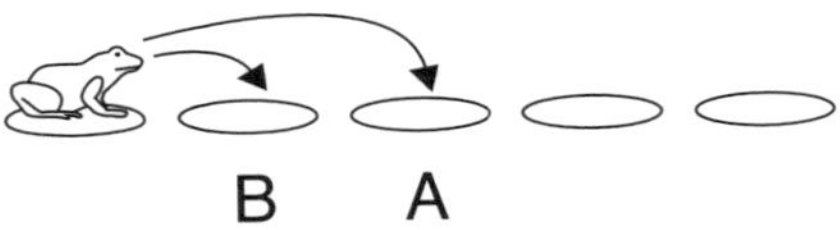

쭉 이어서 생각해 보면, 연잎 6장을 건너는 방법의 수는 연잎 4장을 건너는 방법의 수 더하기 5장을 건너는 방법의 수, 즉 $3 + 5 = 8$이 된다. 연잎 7장을 건너는 방

법은 5 + 8 = 13, 8장일 경우 8 + 13 = 21, 9장일 경우 13 + 21 = 34, 10장일 경우 21 + 34 = 55가지다.

이 재귀 배열, 즉 1, 2, 3에서 시작하면서 수열의 앞선 2항을 더해 다음 항을 도출하는 배열이 피보나치수열을 이룬다.

006 낙타가 무사히 사막을 건너려면?

베두인족 4명을 A, B, C, D라고 하자. 이들이 각각 5일 치 물을 싣고 한꺼번에 출발한다.

첫날이 끝나자 각자에게 4일 치 물이 남았다. A가 동료 셋에게 물을 하루에 쓸 만큼씩 나누어 주고 본인 몫으로 1일 치를 남겨 둔다.

둘째 날, A는 집으로 돌아가고(1일 치 거리만큼 떠나왔으며 1일 치 물이 있으니 돌아갈 수 있다.) B, C, D는 계속 전진한다. 둘째 날이 끝나자 셋은 출발점에서 2일 치 거리만큼 떠나왔으며 각각 4일 치 물이 남았다. B가 나머지 둘에게 물을 1일 치씩 나누어 주자 B에게는 2일 치, 나머지 2명에게는 각각 5일 치씩 물이 남았다.

셋째 날, B는 집으로 돌아가고(2일 전에 출발했으며 B에게는 2일 치 물이 있으니 돌아갈 수 있다.) C와 D는 계속 전진해 출발점으로부터 3일 치 거리에 도달한다. 각각 4일 치 물이 남았다. 이제 C가 D에게 1일 치 물을 나누어 준다.

넷째 날, C는 집으로 돌아가고(집까지 3일 치 거리이며 3일 치 물이 있으니 돌아갈 수 있다.) D가 마침내 야영지에 도착해 소포를 전달한다. 이제 D에게는 4일 치 물이 남았다. 딱 집으로 돌아가는 데 필요한 만큼이다.

007 멸종 위기인 앤털로프를 구하려면?

연료 탱크와 4개의 연료 통을 모두 가득 채워 총 5갤런을 싣고 출발한다. 1갤런을 써서 100마일을 간다. 이 지점을 A라고 하자. 연료 탱크를 채우고 남은 연료 통 3개를 길가에 놔둔 뒤 출발점으로 돌아온다.

다시 5갤런을 채우고 출발한 뒤 연료 1갤런으로 100마일을 달려 A에 도착한다. 그리고 미리 비축해 두었던 연료 통 1개를 써 연료 탱크를 가득 채운 뒤 이를 이용해 100마일 더 전진한다. 이 지점을 B라고 하자. 연료 통 2개를 길가에 놔둔다. 이제 연료 통 2개가 남았는데, 이는 출발점으로 돌아가기에 충분한 양이다.

지금까지 출발점에서 들고 나온 연료는 총 10갤런이고 A와 B에 각각 2갤런씩을 놔뒀다. 이 연료 통 4개로는 400마일을 갈 수 있고 도착지에서 출발지로 되돌아가려면 추가로 4갤런이 필요하다.

마침내 출발지에 남은 마지막 4갤런을 들고 출발한다. 1갤런은 연료 탱크에 3갤런은 연료 통에 들어 있다. 이제 남은 여정을 마무리할 방법을 살펴보자. A에 도착한 뒤 연료 통 1개로 연료 탱크를 채우고 나머지 연료 통을 차에 싣는다. 300미터를 가 앤털로프를 태운 뒤 B까지 200마일을 돌아온다. B에 도착하면 그곳에 둔 연료 통 2개를 사용해 출발점까지 200마일을 돌아올 수 있다.

008 낙타 13마리를 아프지 않게 나누려면?

낙타 17마리 퍼즐은 숫자가 얼마나 쉽게 우리를 속일 수 있는지 보여 준다. 이 퍼즐의 명백한 모순은 아버지가 유언으로 남긴 분수들(1/2, 1/3, 1/9)의 합이 1이 되리라고 생각한 데서 시작한다. 사실 1이 되지 않으니까. 이 분수들을 최소 공통 분모인 18로 표현하면 각각 9/18, 6/18, 2/18가 되며 그 합은 17/18이다. 아이들이 각자 가져간 9마리, 6마리, 2마리의 낙타는 퍼즐에 제시된 조건인 아버지가 물려준 모든 낙타의 2분의 1, 3분의 1, 9분의 1이 아니다. 조금씩 더 받았다. 다만 이들은 아버지가 유언으로 남긴 비율(1/2 : 1/3 : 1/9)에 따라 낙타를 물려받은 것이다.

이 비율에 18을 곱하면 9 : 6 : 2가 된다.

낙타 13마리 문제는 낙타 17마리 문제를 응용한 것으로, 이번에는 여인이 세 남매의 화를 북돋운다. 낙타를 빌려 주는 대신 1마리를 잠시 빼앗아 가기 때문이다.

여인은 세 남매의 고민을 듣더니 낙타 1마리를 내놓는다면 문제를 해결해 줄 수 있다고 말한다. 남매는 마지못해 동의했고 이제 그들에게는 12마리의 낙타가 남았다. 여인은 첫째에게 전체의 절반인 6마리를, 둘째에게 전체의 3분의 1인 4마리를 주었다.

남은 낙타는 2마리뿐이었고 여인은 이를 모두 막내에게 주었다. 여기에 더해 앞서 자신이 가져갔던 낙타 1마리까지 막내에게 주자 막내 또한 12마리의 4분의 1인 3마리를 가질 수 있게 됐다.

결국 세 남매는 각각 6마리, 4마리, 3마리의 낙타를 가져간 셈이다.

문제를 잘 읽어 본다면 아버지가 총 낙타 마릿수의 2분의 1, 3분의 1, 4분의 1을 각각 가져가라고 말하지 않았다는 점을 알 수 있다. 그러나 그보다는 현명한 여인이 선보인 해결책대로 1/2 : 1/3 : 1/4, 그러니까 6/12 : 4/12 : 3/12의 비율로 물려주길 원했다고 보는 편이 좋겠다.

009 낙타와 말 중 더 느린 동물은?

애더가 말하기를

"상대방 동물에 올라타면 되겠네!"

010 파리가 지그재그로 이동한 거리는?

문제를 좀 더 간단하게 해결하는 방법은 파리가 오간 거리 대신 오가는 데 들인 시간을 생각하는 법이다. 두 사람은 서로 20마일 거리에 있고 시속 10마일로 자전

거를 타고 있으니 1시간 후면 서로 만날 것이다. 그러니 시속 15마일로 나는 파리는 그동안 15마일을 나는 셈이다.

011 가장 마지막까지 살아남는 개미는?

우리의 숨은 주인공 카를로스(C)가 정확히 100초 후 막대에서 마지막으로 떨어지게 된다.

38.5센티미터, 65.4센티미터, 90.8센티미터 등 애매해 보이는 수치들은 이 퍼즐을 측면에서 공략해야 한다는 신호다. 유희 퍼즐이라고 전해 왔다면 대수학이나 산술을 알아야만 풀 수 있는 문제가 아니니까.(물론 계산으로 개미들의 위치를 구할 수 있겠지만 너무 지저분해진다.)

이 문제를 우아한 퍼즐로 탈바꿈시킬 작은 통찰은 바로 다음과 같다. 개미 2마리가 서로 충돌한 뒤 왔던 방향으로 되돌아갈 때 어떤 일이 벌어질지 잘 생각해 보자. 눈을 가늘게 뜨고 본다면 개미들이 서로를 지나쳐 쭉 가는 것과 사실상 똑같다는 점을 알 수 있다. 다시 말하면 이 퍼즐은 개미 6마리가 각각 자기만의 막대 위에서 끝을 향해 걸어가는 것과 같다. 이렇게 생각해 보는 방법도 있다. 개미가 저마다 나뭇잎을 하나씩 들고 있고 충돌할 때마다 나뭇잎을 서로에게 넘겨주는 것이다. 이렇게 되면 모든 나뭇잎은 한 방향으로 초당 1센티미터씩 움직인다. 막대에서 가장 늦게 떨어지는 나뭇잎은 애기(A)가 들고 있는 것이다. 1미터를 초당 1센티미터씩 가니 마지막 개미가 막대에서 떨어지기까지 총 100초가 걸린다.

이제 어떤 개미가 마지막에 떨어질지 알아보자. 계속 나뭇잎 기준으로 생각해 보자. 나뭇잎 4장은 오른쪽 끝으로 떨어질 것이다.(나뭇잎들은 한 방향으로만 움직이고 그중 4장이 오른쪽으로 움직이고 있으니까.) 오른쪽으로 떨어지는 나뭇잎 중 마지막은 애기(A)가 들고 있던 것이고, 떨어지는 순간 그 나뭇잎을 들고 있는 개미는 오른쪽으로부터 네 번째 위치에서 출발한 개미임을 추론할 수 있다. 카를로스에게 박수를 쳐 주자. 우리의 주인공이었다. 카를로스일 수밖에 없는 이유는 개미들이 서로를 지나치지 못하니 막대 위에 선 개미들의 순서 또한 변하지 않기 때문이다. 카를로스가 어디에서 출발했는지 몰라도 상관없다.

012 달팽이가 고무 밴드 끝에 도착하려면?

첫 1초 동안 달팽이가 1센티미터를 기어간다.

다시 말해 1킬로미터 길이 고무 밴드의 10만 분의 1을 기어간 셈이다.

그 순간 고무 밴드가 2킬로미터로 늘어난다. 다음 1초 동안 또 달팽이가 1센티미터, 늘어난 밴드 기준으로 전체의 20만 분의 1만큼을 더 기어간다. 또 다음 1초 동안 고무 밴드는 3킬로미터가 되고 달팽이는 1센티미터를 더 가니 전체 고무 밴드 길이의 30만분의 1을 가는 셈이다. 이후로도 마찬가지며 모든 분수를 더하면 다음과 같이 표현할 수 있다.

$$\frac{1}{100{,}000}(1 + 1/2 + 1/3 + 1/4 + \cdots\cdots + 1/n)$$

이 수식은 n초 후 달팽이가 기어간 거리를 고무 밴드 총 길이에 대한 분수로 표현한 것이다.

여기까지 알아냈다면 다 해결한 것이나 다름없다. 증명을 마치려면 약간의 배경지식이 필요하다. 괄호로 감싼 항$(1 + 1/2 + 1/3 + 1/4 + \cdots\cdots + 1/n)$은 '조화급수'로도 알려져 있으며, 하나씩 더할 때마다 점점 커져서 결국에는 어떤 유한수보다도 커진다.(앞서 지프차 퀴즈에서도 어떤 유한수보다도 더 커지는 발산 급수, $1 + 1/3 + 1/5 + \cdots\cdots$를 살펴보았는데, 이 급수가 무한대로 커진다면 조화급수 또한 마찬가지일 것이다. 조화급수의 발산성은 어렵지 않게 증명할 수 있으며 인터넷에서 쉽게 찾아

볼 수 있다.)

그러므로 우리는 $(1+1/2+1/3+1/4+\cdots\cdots+1/n)$을 100,000보다 크게 만드는 n이 존재한다는 사실을 알 수 있다. n초 후면 달팽이가 전진한 거리를 나타내는 이 수식 값이 1 이상이 되는데 이는 달팽이가 고무 밴드의 끝에 다다랐다는 뜻이다. 한참 걸리긴 할 것이다. n초는 우주의 평생보다도 더 긴 시간이다. 그리고 n초가 지나면 고무 밴드는 온 우주도 다 담지 못할 만큼 길어질 것이다.

013 동물들이 반대 방향을 바라보려면?

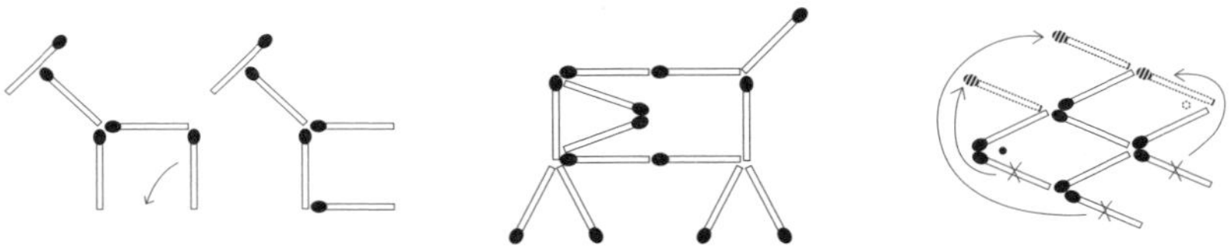

014 벌레들로부터 침대를 사수하려면?

천장에 설치된 물받이를 침대 폭 바깥에 위치하도록 반대로 돌려야 한다.

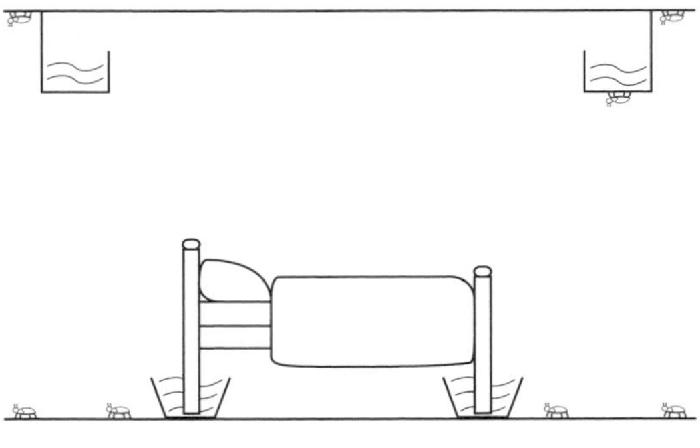

015 앵무새가 입을 꾹 다문 이유는?

펫 숍 사장이 절대로 거짓말하지 않았다면 문제는 손님이나 앵무새에게 있다는 말이다. 여기 가능한 정답 4가지를 소개한다.

앵무새가 소리를 듣지 못한다.(들리는 말은 모두 따라 하지만 들리는 게 없을 뿐이다.)

앵무새가 소리를 들은 지 정확히 1년 후에 따라 한다.

앵무새가 너무 똑똑한 나머지 주인을 멍청한 사람으로 간주하고 그의 말을 무시하기로 결정했다.

손님이 거짓말을 했다.

016 어떤 색 카멜레온이 살아남을까?

카멜레온들은 절대 모두 같은 색이 될 수 없다.

초록색 카멜레온의 수를 G마리, 파란색은 B마리, 빨간색은 R마리라고 가정하고 카멜레온 2마리가 만날 때 어떤 일이 생기는지 살펴보자. 초록색과 파란색이 만나면 빨간색이 된다. 다시 말하자면 초록색 카멜레온은 총 $G-1$마리, 파란색 카멜레온은 총 $B-1$마리, 빨간색 카멜레온은 총 $R+2$마리가 된다.

이제 초록색이 파란색을 만났을 때 색깔별 카멜레온의 마릿수 간 차이, 다시 말해 $G-B$, $B-R$, $R-G$가 어떻게 되는지 살펴보자.

$G-B$는 $G-1-(B-1)=G-B$가 되고,

$B-R$은 $B-1-(R+2)=B-R-3$이 되고,

$R-G$는 $R+2-(G-1)=R-G+3$이 된다.

그러므로 초록색과 파란색이 만나더라도(나아가 색깔이 서로 다른 카멜레온 2마리가 만나더라도) 마릿수 차이는 달라지지 않거나 3만큼 커지고 작아진다.

만약 이곳에 사는 카멜레온들이 모두 같은 색이 될 수 있다면 색깔별 마릿수 차이(그러니까 G－B, B－R, R－G)는 0이 될 수 있어야 한다.

이제 문제에서 주어진 숫자들을 대입해 보자. 초록색 13마리, 파란색 15마리, 빨간색 17마리이므로 초록색과 파란색 차이는 2마리, 파란색과 빨간색은 2마리, 빨간색과 초록색은 4마리다. 앞서 살펴보았듯 서로 다른 색의 카멜레온 2마리가 만나면 색깔별 마릿수 차이는 달라지지 않거나 3만큼 커지고 작아진다. 2 또는 4에 3을 더하거나 빼서 0을 만들 수 없으므로 어떤 2가지 색이든 마릿수 차이가 0이 될 수 없음을 추론할 수 있다.

017 거미가 점심으로 파리를 먹으려면?

원기둥 모양 유리컵을 다음과 같이 종이처럼 펼칠 수 있다고 생각해 보자. 헤론의 정리에 따르면 거미가 파리에 이르는 최단 경로 거리는 수평 테두리, 즉 유리컵 입구로부터 수직으로 2센티미터 위에 위치한 점 X에 이르는 거리와 같다. 거미가 이곳에 이르는 거리는 두 변이 각각 6센티미터, 8센티미터인 직각 삼각형의 빗변이다. 직각 삼각형에 대한 피타고라스 정리에 따르면 두 변 제곱의 합이 빗변 제곱의 합과 같으므로, 거미가 기어갈 거리는 $\sqrt{(6^2+8^2)} = \sqrt{(36+64)} = \sqrt{100} = 10$센티미터임을 추론할 수 있다.

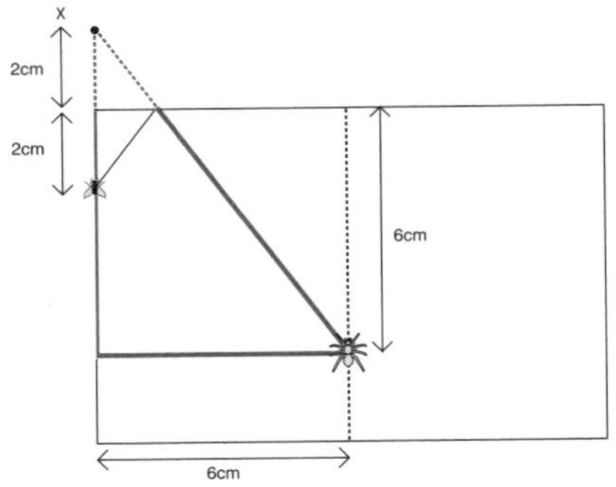

018 미어캣이 거울로 전신을 보려면?

수직으로 서서 수직으로 놓인 거울을 바라보는 미어캣은 다음 그림과 같다.

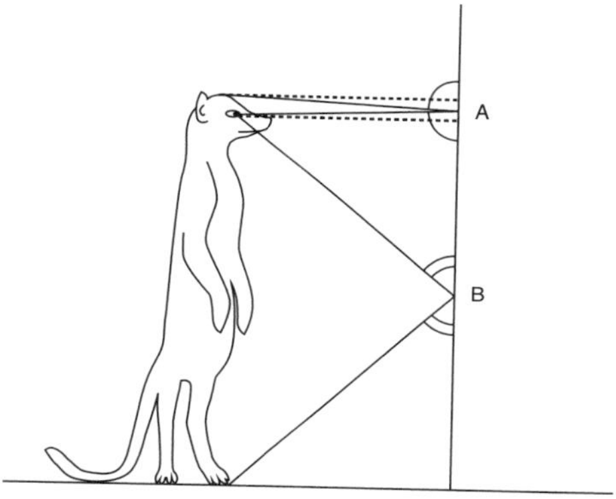

우선 얼마나 긴 거울이 어디에 붙어 있어야 미어캣이 머리끝부터 발끝까지 꼭 맞게 자신을 비춰 볼 수 있는지를 알아내야 한다.

미어캣이 거울로 자신의 머리 꼭대기를 볼 수 있다는 것은 미어캣의 머리 위로 떨어진 빛이 거울의 특정 지점에 부딪힌 다음 미어캣의 눈으로 튀어 들어갔다는 뜻이다. 이 지점을 A라고 하자. 빛의 입사각과 반사각은 같으므로 A는 미어캣의 눈높이와 머리 꼭대기 높이 사이의 중앙 지점일 것이다.

마찬가지로 미어캣이 거울 속 자신의 발끝을 볼 수 있다는 것은 빛이 발끝에서 출발해 거울의 특정 지점에 부딪혔다가 미어캣의 눈으로 튀어 들어갔다는 뜻이다. 이 지점을 B라고 하자. B의 높이는 미어캣의 눈높이와 지면 사이의 중앙 지점일 것이다.

미어캣의 모습이 거울 속에 꼭 들어맞았다는 것, 즉 발끝 아래나 머리 꼭대기 위 어느 한쪽이 보이지 않았다는 것은 거울이 정확히 A부터 B까지 붙어 있다는 뜻이다.(이는 거울의 길이가 미어캣 키의 절반과 같다는 의미이기도 하다.)

이처럼 거울의 위치는 미어캣이 벽에서 얼마나 떨어져 있는지를 몰라도 구할 수 있다. 이는 곧 미어캣이 벽에서 얼마나 떨어져 서 있든 상관없이 거울에 꼭 맞게 비칠 것이라는 의미다. 미어캣이 몇 발짝 물러나도 점 A와 B는 그대로일 것이며, 거울 속 미어캣의 모습도 거울 길이에 비해 늘어나거나 줄어들지 않고 여전히 꼭 맞게 비칠 것이다. 빛의 입사각과 반사각은 늘 같으므로 점 A와 미어캣 눈 사이 각도는 언제나 점 A와 미어캣 머리끝 사이 각도와 같으며 미어캣이 물러나면서 각도가 커져도 마찬가지다. 같은 원리로 점 B와 미어캣 눈 사이 각도는 그 크기가 어떻든 늘 점 B와 발끝 사이 각도와 같다.

019 고양이를 찾는 데 며칠이 걸릴까?

열흘이 필요하다.

우선 문이 4개만 있다고 가정하고 살펴보자. 다음 표에서 각 행은 날마다 고양이가 있을 수 있는 위치를 나타내고 X 표시는 그날 열어 본 문이다.

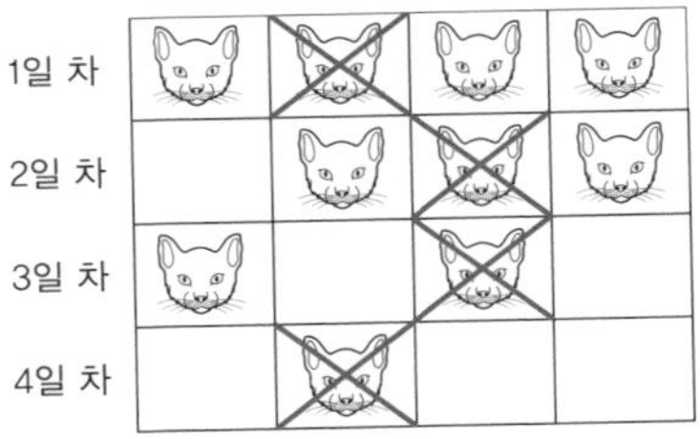

1일 차, 고양이는 모든 문 뒤에 있을 수 있기 때문에 모든 칸에 고양이를 그린다. 이제 2번 문을 열어 보자. 만약 고양이가 앉아 있다면 여기서 게임이 끝나겠지만 고양이가 없다면 2일 차에 고양이가 1번 문에 있을 가능성은 제외할 수 있다. 고양이가 2일 차에 1번 문 뒤에 앉으려면 1일 차에 2번 문 뒤에 있어야 했기 때문이다.

2일 차, 고양이는 3개의 문 뒤에만 있을 수 있다. 이번에는 3번 문을 열어 보자. 고양이가 앉아 있다면 게임이 끝나겠지만 없다면 3일 차에 고양이가 4번 문에 있을 가능성은 제외할 수 있다. 3일 차에 고양이가 2번 문에 있을 가능성도 제외할 수 있는데, 2번 문으로 이동하려면 2일 차에 1번 문 혹은 3번 문에 있어야 했지만 그렇지 않기 때문이다. 이제 선택지가 2가지로 줄었다. 3일 차에도 3번 문을 열어 보자. 고양이가 여기 있다면 게임이 끝이지만 없다면 분명 1번 문 뒤에 있을 것이다. 따라서 4일 차에 2번 문을 열어 본다면 확실히 고양이를 찾을 수 있다.

문 4개를 놓고 해답을 구했다면 문 하나를 더하는 일은 그다지 어렵지 않다. 차례대로 2번, 3번, 4번, 4번, 3번, 2번 문을 열어 본다면 6일 차에는 반드시 고양이를 찾을 수 있다.

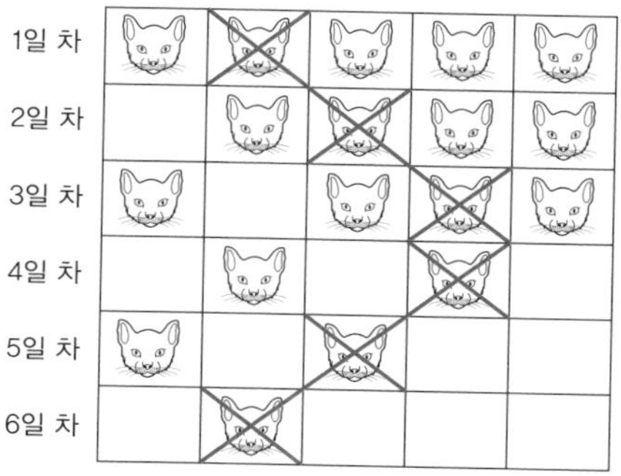

여기서도 같은 패턴이 계속된다. 1일 차 2번 문에서 시작해 2일 차에는 그 오른쪽 문을 열고 그다음 날에도 오른쪽 문을 열어 끝에서 두 번째 문을 열 때까지 계속한다. 그러고 나서 반대쪽으로 돌아온다. 문이 7개라면 차례대로 2번, 3번, 4번, 5번, 6번, 6번, 5번, 4번, 3번, 2번 문을 열어 보아라. 깜짝하고 복슬복슬한 고양이를 잡아낼 수 있을 것이다. 문이 n개라면 늘 $(n-2)\times 2$일 안에 고양이를 찾을 수 있다.

020 집배원이 사나운 개를 따돌리려면?

집배원이 집 주위를 빙글빙글 요란하게 뛰어다니면 된다. 개가 목줄에 묶여 있고 계속해서 집배원에게 가까이 다가가려 하기 때문에 빙글빙글 돌다 보면 목줄이 나무에 감길 테고, 목줄의 길이가 짧아져 결국 대문에서 현관까지 이어지는 길에도 닿지 않을 것이다.

021 X균이 Y균을 다 먹는 데 걸리는 시간은?

30분이다.

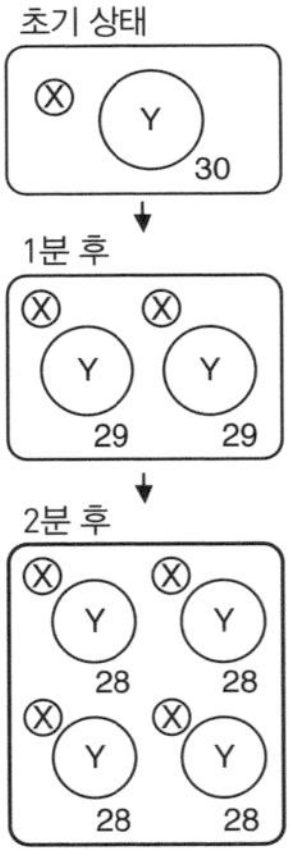

초기 상태는 X균 1마리, Y균 30마리다. 1분 후 X균 1마리가 Y균 1마리를 잡아먹고 2배로 증식하는 한편, 남은 Y균 또한 2배로 증식한다. 다시 말하면 X균 2마리, Y균 2×29마리가 된 셈이다. 이해하기 쉽게 그림을 그려 보자. 그림을 반으로 나눈다면 1세트가 X균 1마리와 Y균 29마리로 이루어졌음을 볼 수 있다. 여기서 1분이 또 지나면 이제 세균은 각각 X균 1마리와 Y균 28마리씩 4세트로 늘어나고, 1분이 더 지나면 X균 1마리와 Y균 27마리씩 8(혹은 2^3)세트로 늘어난다. 29분이 지나면 X균 1마리와 Y균 1마리씩 총 2^{29}세트가 남는다. 30분이 지나면 Y균은 1마리도 남지 않고 모두 잡아먹히게 된다.

022 오리가 여우에게 잡히지 않으려면?

여우가 취할 수 있는 최고 전략은 언제든 호숫가에서 오리와 최대한 가까운 지점을 따라가는 것이다. 반대로 오리가 취할 수 있는 최고 전략은 여우에게서 최대한 멀어지는 것이다.

오리가 호숫가를 향해 직선으로 나아간다 해도 여우가 따라잡을 수 있으니 이 계획은 탈락이다.

그런데 오리가 호수 중심에서부터 동심원을 그리며 빙글빙글 움직인다면 어떤 일이 일어날까. 여우 또한 언제든 오리와 가장 가까운 지점을 따라가면서 호숫가 주변을 빙글빙글 돌 것이다.

여기서 여우가 오리를 따라잡을 수 있는지 없는지는 오리가 헤엄치는 동심원의 크기에 따라 달라진다. 동심원이 호숫가와 가깝다면 여우는 문제없이 오리를 잡을 수 있을 것이다. 하지만 호수 중심 부분에서 작은 동심원을 그리며 헤엄친다면 오리는 여우보다 빨리 1바퀴를 돌 수 있다.

사실 오리는 여우의 4분의 1 속도로 나아가고 있으므로 오리가 헤엄치는 거리가 여우가 달리는 거리의 4분의 1일 때 두 동물은 같은 시간 내에 각자 한 바퀴씩 돌 수 있다. 이때 오리가 헤엄치는 동심원의 반지름은 호숫가 반지름의 4분의 1, 즉 4분의 r이다. 오리가 반지름 4분의 r 이하의 동심원을 그리며 헤엄친다면 여우는 이를 쫓아오지 못하면서 조금씩 뒤처질 것이다.

이제 오리가 4분의 r(즉 $0.25r$)보다 약간 작은 반지름의 동심원을 그리며 헤엄친다고 생각해 보자. 여우는 조금씩 뒤처질 테고 일정 시간이 지나면 오리와 여우는 각자의 원에서 정반대 위치에 도달할 것이다. 이 순간 오리는 여우와 $1.25r$보다 조금 가깝고 반대편 호숫가와 $0.75r$보다 조금 먼 거리에 있다. 여기서 오리가 호숫가를 향해 직진한다면, 오리는 여우가 πr(즉 $3.14r$)만큼 뛰는 동안에 $0.75r$보다 약간 더 헤엄쳐야 한다. 여우가 오리보다 4배 빠르기 때문에 '0.75보다 약간 더' 멀다는 거리가 $(3.14/4) \times r$보다 짧다면 오리는 여우보다 먼저 호숫가에 도착할 수 있다. $(3.14/4) \times r$은 약 $0.78r$이므로 가능하다. 오리가 예컨대 반지름 $0.24r$의 동심원을 그리며 헤엄친다고 해 보자. 그러면 오리는 늘 호숫가와 $0.76r$만큼 떨어져 있을 테니, 여우가 반대편에 서는 순간 호숫가를 향해 출발한다면 여우한테 잡히기 전에 물가에 도착할 것이다.

023 논리적인 사자가 주린 배를 채우려면?

사자가 10마리라면 양은 생존한다.

그러나 사자가 11마리라면 양은 죽는다.

우선 우리 안에 사자가 딱 1마리 있을 때 무슨 일이 생기는지를 살펴본 뒤 사자를 1마리씩 늘려 가며 문제를 풀어 보자.

먼저 사자 1마리, 양 1마리일 때다.

우리 안에 사자가 1마리라면 양에게는 가망이 없다. 사자가 양을 잡아먹을 테니까. 결과적으로 양은 죽는다.

이번엔 사자 2마리, 양 1마리일 때다.

사자 2마리 모두 양을 잡아먹으려 들지 않는다. 둘 중 하나가 양을 잡아먹는다면 그 사자는 졸다가 나머지 사자에게 잡아먹힐 테니까. 결과적으로 양은 생존한다.

사자 3마리, 양 1마리일 때를 보자.

3마리 중 1마리가 즐겁게 양을 먹어 치울 것이다. 이 사자는 자신이 양을 잡아먹고 졸게 되더라도 나머지 사자 2마리가 감히 자신을 잡아먹지 못할 것을 알고 있다. 나머지 둘 중 하나가 자신을 잡아먹는다면 그 사자도 졸다가 마지막 남은 사자에게 잡아먹힐 게 분명하니까. 결과적으로 양은 죽는다.

사자 4마리, 양 1마리일 때를 보자.

사자 4마리 중 1마리가 양을 잡아먹는다면 그 사자는 졸음에 빠질 테고, 이렇게 되면 상황은 양 대신 졸린 사자가 위기에 빠진다는 점만 빼면 세 번째 경우와 똑같아진다. 사자 3마리, 양 1마리인 경우 양이 죽는다는 걸 알고 있으므로 우리의 논리적인 사자 4마리 모두 양을 먹으려 들지 않을 것이다. 결과적으로 양은 생존한다.

이쯤 되면 패턴이 보일 거다. 사자가 양을 잡아먹을지 말지는 사자가 지금보다 한 마리 적을 때의 시나리오에 달려 있다. 그 시나리오에서 양이 생존한다면 사자는 양을 잡아먹을 테지만 반대로 양이 죽는다면 사자는 양을 잡아먹지 않을 것이다. 다시 말해 양은 사자가 1마리씩 늘어날 때마다 생존과 죽음을 오가는 것이다. 사자가 홀수인 경우 양은 죽고 사자가 짝수인 경우 양은 산다. 문제에서 주어진 사자는 10마리이므로 양은 생존한다.

024 어떤 돼지가 더 많이 먹을까?

작고 약한 돼지가 더 잘 먹을 수 있다. 힘이 센 게 약점이기 때문이다.

이처럼 결과가 모순적인 이유는 작은 돼지가 자신이 레버를 눌러 봐야 큰 돼지에게 먹이를 바치는 꼴이라는 걸 빠르게 깨달아서다. 큰 돼지가 그릇 앞에서 기다리고 있다가 나오는 먹이를 전부 먹어 버릴 테니 말이다. 커다랗고 힘센 놈이 그릇 앞에서 버티는 한 작고 약한 놈이 상대를 밀쳐 내고 밥을 먹을 가망은 없다.

작은 돼지로서는 레버를 눌러도 좋을 게 없으니 레버를 누르지 않는다. 이제 레버는 큰 돼지에게 넘어간다. 큰 돼지가 레버를 누르면 그릇 앞에서 기다리고 있던 작은 돼지가 자신을 밀칠 때까지 먹이를 먹는다. 큰 돼지는 남은 음식이라도 먹을 수 있으므로 레버를 누를 이유가 있다. 물론 매번 작은 돼지가 그릇 안에 든 먹이를 거의 다 먹어 치우겠지만.

025 쥐 10마리가 독이 든 와인병을 찾으려면?

쥐들에게 각자 다른 와인 여러 병을 섞어 마시게 만든 다음, 1시간이 지났을 때 어느 쥐가 살고 어느 쥐가 죽었는지를 살펴 독이 든 병을 골라내면 된다. 쥐들이 뒤섞인 와인을 동시에 마실 테니 딱 1시간이면 사망한 수를 살피고 독이 든 병을 추론할 수 있다.

쥐 10마리가 있다. 1시간 후면 이들은 죽거나 살 것이다. 이들로 만들 수 있는 조합은 정확히 $2\times2\times2\times2\times2\times2\times2\times2\times2\times2=2^{10}=1{,}024$가지다. 와인 1,000병 중 어느 한 병을 골라내고도 남을 만큼 충분한 조합이다.

이제 질문은 죽거나 산 쥐로 만든 조합으로 어떻게 단 1병만을 골라내는지가 된다. 해답은 숫자 0과 1로만 이루어진 이진법에 있다. 평소 주로 사용하는 십진법에서는 오른쪽 끝 숫자가 '단위' 자리이며 왼쪽으로 올수록 10의 자리, 100의 자리, 1,000의 자리처럼 열마다 10배씩 커진다. 이진법에서는 오른쪽 끝자리가 1의 자리고 왼쪽으로 올수록 2, 4, 8, 16의 자리처럼 열마다 2배씩 커진다.

십진법	이진법
1	1
2	10
3	11
4	100
……	……
998	1111100110
999	1111100111
1000	1111101000

가장 먼저 해야 할 일은 모든 병에 각각 1부터 1111101000까지 숫자를 붙이

는 일이다. 모두 10자리 이진법 숫자로 해야 하니 1은 0000000001이 되고, 2는 0000000010이 된다.

다음으로 쥐들에게 자릿수를 주어야 한다. '단위 자리' 쥐, '2의 자리' 쥐, '4의 자리' 쥐, '8의 자리' 쥐, 나아가 '512의 자리' 쥐까지 붙여 준다.

이제 쥐들에게 와인을 준다.

단위 자리 쥐는 이진법으로 단위 자릿수가 1인 와인들을 모두 조금씩 섞어 마신다.

2의 자리 쥐는 이진법으로 2의 자릿수가 1인 와인들을 모두 조금씩 섞어 마신다.

4의 자리 쥐는 이진법으로 4의 자릿수가 1인 와인들을 모두 조금씩 섞어 마신다.

같은 식으로 계속한다.

단위 자리 쥐가 죽는다면 독이 든 병은 이진법으로 단위 자리 수에 1이 붙어 있다는 것을 알 수 있다.

단위 자리 쥐가 살아남는다면 독이 든 병은 이진법으로 단위 자리 수에 0이 붙어 있다는 것을 알 수 있다.

2의 자리 쥐가 죽는다면 독이 든 병은 이진법으로 2의 자릿수에 1이 붙어 있다는 것을 알 수 있다.

2의 자리 쥐가 살아남는다면 독이 든 병은 이진법으로 2의 자릿수에 0이 붙어 있다는 것을 알 수 있다. 계속 반복한다.

다시 말해 어떤 병에 독이 들었는지를 알려 줄 10자리 이진법 숫자에서 죽은 쥐는 1을, 산 쥐는 0을 의미한다.

적어도 1마리의 쥐가 생존할 수 있는 이유는 만일 모든 쥐가 죽었다면 이진법 수가 1111111111, 십진법으로 1,023이라는 뜻인데 와인 병은 1,000개밖에 없기 때문이다.(사실 적어도 2마리의 쥐를 무조건 살리는 방법도 가능하다. 10자리 중 0이 1개만 있는 이진법 수와 10자리 모두 1인 이진법 수를 제외하면 된다.)

제2장

저는 수학자입니다, 여기서 내보내 주세요

생존 문제

026 불난 섬에서 살아남으려면?

섬의 서쪽 가장자리에서 나뭇가지를 하나 집어 불을 붙여 보자. 불붙은 나뭇가지를 조심스레 들고 섬의 동쪽으로 이동해 적당한 지점, 이를테면 해안에서 100미터 떨어진 곳에 멈추고 그곳에 불을 지른다. 이때 불을 붙인 지점을 기준으로 서쪽에 서 있어야 한다. 새로 난 불은 바람을 타고 1시간에 100미터씩 동쪽으로 번질 것이다. 불이 해안가에 닿으면 저절로 꺼질 테고, 이제 당신에게는 100미터 폭의 안전한 공간이 생겼다. 다만 잿불에 발을 데지 않도록 조심해라. 배낭 안에 든 물건들은 사실 쓸모없는 트릭이었지만 성경은 바닥에 앉을 때 유용할 수도 있겠다.

027 8톤 트럭의 핸들이 고장 났다면?

좌회전만 해서 우회전할 수 있는 방법이 있다.

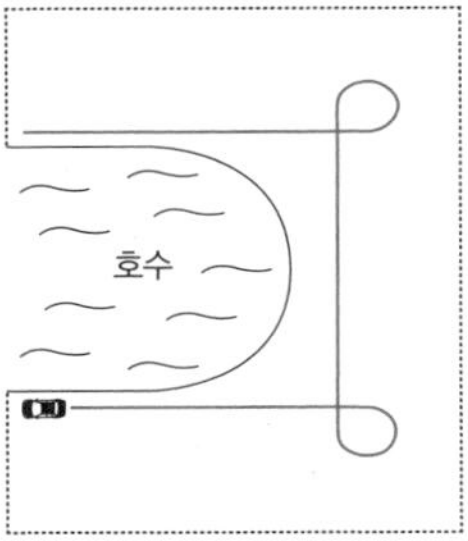

028 해적으로부터 인질들을 구하려면?

영국인들을 구하려면 $a = 1, b = 11$,

프랑스인들을 구하려면 $a = 9, b = 29$가 되어야 한다.

바셰가 소개한 요세푸스 문제에서 해답은 바셰가 남긴 구절 'Mort, tu ne falliras pas, En me livrant le trépas!'의 모음에 숨어 있다. $a = 1$, $e = 2$, $i = 3$, $o = 4$, $u = 5$라고 해 본다면, 모음의 순서는 승객들이 어떤 순서로 동그랗게 서야 하는지를 보여 준다. 당신이 구하고 싶은 사람 15명을 친구라고 하고 바다에 빠뜨릴 15명을 적이라고 해 보자. 바셰의 구절에서 등장하는 모음 첫 5개는 o, u, e, a, i(숫자로 4, 5, 2, 1, 3)이므로, 당신은 이에 따라 친구 4명, 그다음 적 5명, 다음으로 친구 2명, 적 1명, 친구 3명과 같은 식으로 사람들을 세우면 된다.

029 지하 감옥에서 탈출하려면?

[1] 열쇠는 흰색 상자 안에 있다.

검은색 상자의 말과 빨간색 상자의 말이 정반대라는 것은 정확히 둘 중 하나가 진실이라는 뜻이다. 따라서 흰색 상자의 말은 반드시 거짓이므로 열쇠는 흰색 상자에 들어 있다.

[2] 열쇠는 검은색 상자 안에 있다.

만일 열쇠가 빨간색 상자 안에 있다면 상자 3개의 말 모두 진실이 된다. 만일 열쇠가 흰색 상자 안에 있다면 상자 3개의 말 모두 거짓이 된다. 그러므로 열쇠는 검은색 상자에 있을 수밖에 없고, 이 경우라면 상자 2개(검은색과 흰색)의 말이 진실이며 나머지 상자(빨간색)의 말이 거짓이 된다.

030 안전하게 반지를 배송하려면?

반지를 상자 안에 넣고 자물쇠 1개를 걸어 잠근 뒤 택배로 보낸다. 상자를 받은 당신의 연인은 두 번째 자물쇠를 걸어 잠근 뒤 다시 당신에게 보낸다. 당신은 당신이 잠갔던 자물쇠를 열고 상자를 다시 보낸다. 이제 당신의 연인은 두 번째 자물쇠를 열어 당신이 보낸 반지를 찾을 수 있다.

031 자물쇠 비밀번호를 풀려면?

비밀번호는 052다. 네 번째 단서로 7, 3, 8을 제외할 수 있는데, 이는 비밀번호가 0, 1, 2, 4, 5, 6, 9로 구성되었다는 뜻이다. 다섯 번째 단서로 0이 비밀번호 중 하나며 첫 번째 혹은 두 번째 자리에 있어야 함을 알 수 있다. 세 번째 단서는 0이 첫 번째 자리에 있어야 하며 나머지 2개의 숫자 중 하나가 2 또는 6임을 말해 주고 있다. 첫 번째 단서에 따라 맞는 숫자일 수도 없고 0이 있는 첫 번째 자리에 놓일 수도 없는 6을 제외한다. 따라서 2가 세 번째 자리에 놓인다. 마지막으로 남은 가운데 자리는 세 번째 단서에 따라 5가 된다. 만일 두 번째 자리가 4라면 올바른 자리에 놓인 셈이므로 4를 제외할 수 있다.

032 비밀번호를 무조건 맞히려면?

최소 6번이다.

만일 실제 비밀번호의 숫자가 각각 독립적이라면, 즉 다른 자릿수와 관계없이 모든 자리에 0부터 9까지 아무 숫자나 넣을 수 있다면 각 자릿수는 모두 10개 숫자 중 하나일 것이므로 10번의 시도 내에서 무조건 문을 열 수 있다.(가장 좋은 전략은 첫 번째 시도에서 0123456, 두 번째에서 1234567, 세 번째에서 2345678…… 이후에도 같은 식으로 해서 마지막 9012345까지 눌러 보는 방법이다.) 그러나 각 자릿수가 다른 자릿수와 겹쳐서는 안 된다는 조건이 있으므로 실제 비밀번호의 숫자들은 서로 종속적이다. 어느 자리에 놓인 수가 다른 자리에 또 놓일 수 없기 때문이다. 이 퍼즐은 바로 그 종속성을 이용한다.

가장 좋은 전략은 다음과 같다. 6개 숫자를 무작위로 선택한 다음 이 숫자들로 6자릿수를 만들어 실제 비밀번호와 6자리를 맞춰 보는 것이다. 예를 들어 0부터 5까지 6개 숫자를 이용해 다음과 같이 6번 시도해 보자.

0123456

1234506

2345016

3450126

4501236

5012346

(임의로 마지막 자리에 6을 넣었지만 다른 숫자를 넣어도 상관없다.)

실제 비밀번호의 앞 6자리에 0, 1, 2, 3, 4, 5 중 하나라도 포함되어 있다면 앞과 같은 6번의 시도로 무조건 열 수 있다. 실제 비밀번호의 앞 6자리에 이 숫자들이 하나도 없다면 그 자리는 나머지 6, 7, 8, 9로 되어 있다는 뜻이다. 그러나 숫자가 4개뿐이므로 숫자 한두 개가 2번 이상 등장할 수밖에 없는데 이는 조건에 위배된다. 다시 말해 서로 숫자가 겹치지 않는 7자리 비밀번호라면 앞 6자리 중 1자리에 무조건 0, 1, 2, 3, 4, 5가 들어가며, 따라서 앞의 전략으로 맞힐 수 있다.

033 모든 버튼에 전원이 들어오려면?

시작하기 전 버튼의 전원은 둘 다 꺼져 있거나, 하나가 켜졌고 하나가 꺼졌거나, 둘 다 켜진 상태 중 하나일 것이다.

첫 번째 시도에서 버튼 2개를 함께 누른다. 모두 꺼져 있었다면 이제 모두 켜져서 문이 열릴 것이다. 하나가 켜져 있고 하나가 꺼져 있었다면 결과적으로 이전과 같은 상태가 된다. 켜져 있던 버튼이 꺼지고 꺼져 있던 버튼이 켜지기 때문이다.

원판이 돌아간다. 두 번째 시도에서 버튼을 하나만 누른다. 버튼 2개 모두 켜져서 문이 열리거나 모두 꺼져서 원판이 다시 돌아간다.

원판이 멈췄다면 마지막 세 번째에서 버튼 2개를 함께 눌러 문을 연다.

이 문제가 너무 쉬웠다면 버튼 4개가 달린 원판을 가지고 놀아 보자. 여기서도 패턴을 빠르게 찾을 수 있다. 원판이 없다면 동전 4개를 이용해 보자. 테이블 위에 동서남북 방향으로 동전을 각각 놓는다. 동전의 앞면은 '켜짐'이고 뒷면은 '꺼짐'이다. 버튼을 누르는 것은 이제 동전을 뒤집는 것과 같다.

이제 각 시도를 다음과 같이 축약해 부른다.

모 : 모든 동전을 뒤집는다.(즉 모든 버튼을 누른다.)

마 : 마주 보는 동전 2개, 예컨대 남쪽과 북쪽 방향 동전을 같이 뒤집는다.(즉 마주 보는 버튼 2개를 누른다.)

이 : 이웃한 동전 2개, 예컨대 남쪽과 동쪽 방향 동전을 뒤집는다.(즉 이웃한 버튼 2개를 누른다). 시도 후에도 문이 열리지 않는다면 원판이 돌아간다고 가정한다.

우선 '모 – 마 – 모 – 이 – 모 – 마 – 모'의 순서로 7번 시도해 보자.

만약 동전 4개가 처음부터 모두 앞면이었다면(즉 모든 버튼의 전원이 켜져 있었다면) 문은 그냥 열릴 것이다. 만약 동전이 모두 뒷면이었으며 '모'로 모두 뒤집혔다면 이제 동전은 모두 앞면이 되어 문이 열릴 것이다. 만약 딱 2개의 동전이 처음부터 앞면이었다면 뒤이은 순서(마 – 모 – 이 – 모 – 마 – 모)로 문을 열 수 있다. 그 이유를 살펴보자.

동전 2개가 처음부터 앞면이었다면 앞면 동전들은 서로 마주 보거나(예컨대 남쪽과 북쪽) 이웃한(예컨대 남쪽과 동쪽) 자리에 있을 것이다. 앞선 예와 같이 '모'로 모두 뒤집는다고 해도 동전들의 상태는 바뀌지 않으며 여전히 같은 면의 동전 2개가 마주 보거나 이웃해 있을 것이다.

만약 앞면 동전들이 서로 마주 보고 있었다면 '마'로 모두 앞면 또는 모두 뒷면을 만들 수 있다. 문이 열리지 않았다면 다음 시도에서 '모'로 문을 열 수 있다. 반면 앞면 동전들이 서로 이웃해 있었다면 마주 보고 있는 동전 2개를 뒤집어도 여전히 같은 면의 동전이 이웃해 있을 것이다. 다시 말해 '모'에 뒤이은 '마'로도 상황은 달라지지 않는다. 그다음 '이'를 통해 이웃한 두 동전을 뒤집는다. 이제 모든 동전이 앞면이 되는 경우 문이 열리거나, 모두 뒷면이 되는 경우라면 다음 시도에서 동전을 모두 뒤집으면 문이 열린다. 또 앞면 동전이 마주 보게 되는 경우라면 마주 보는 두 동전을 뒤집고 그래도 안 된다면 모든 동전을 뒤집으면 된다.

전략을 완성하려면 애초에 앞면 동전이 1개 혹은 3개였을 경우 문을 여는 방법도 찾아야 한다. 그런 경우라면 모 – 마 – 모 – 이 – 모 – 마 – 모 순서로 뒤집어도 여전히 앞면이 1개 혹은 3개일 것이다. 이 경우라면 여덟 번째 시도에서 동전 1개를 뒤집는다. 동전 4개 모두 앞면이 되는 경우라면 문이 열릴 테고, 4개 모두 뒷면이 되는 경우라면 다음 차례에 '모'로 뒤집으면 된다. 또 동전 2개만 앞면이 되는 경우라면 마찬가지로 모 – 마 – 모 – 이 – 모 – 마 – 모 순서로 뒤집으면 된다.

034 의심 많은 3명이 금고를 지키려면?

은행장들은 금고에 자물쇠 3개를 달아야 하며, 자물쇠 하나당 열쇠 2개를 만들어 총 6개를 가지고 있어야 한다.

자물쇠를 각각 A, B, C라고 했을 때 열쇠를 나누어 가지는 방법은 다음과 같다. 은행장 1명이 A와 B의 열쇠를 갖고, 다른 1명이 B와 C의 열쇠를 갖고, 나머지 1명이 A와 C의 열쇠를 갖는다. 이렇게 하면 어느 은행장도 혼자서는 금고를 열 수 없지만 셋 중 둘만 모이면 열 수 있다.

보너스 문제: 평균 연봉

직장 동료 3명을 에이미(A), 벤(B), 샬럿(C)이라고 하자. 에이미가 어느 정수(整數)에 자신의 연봉을 더해 벤에게 말한다. 벤은 여기에 자신의 연봉을 더해 샬럿에게 말한다. 샬럿은 여기에 자신의 연봉을 더해 에이미에게 알려 준다. 에이미는 이제 여기서 자신이 더했던 정수를 빼고 남은 값을 3으로 나누어 평균을 구한 뒤 모두에게 말한다.

035 숫자 암호로 같은 조직임을 확인하려면?

숫자 암호 퍼즐은 평균 연봉 구하기 문제와 비슷하다. 래그에게 수 하나를 떠올리게 한 뒤 이를 L이라고 하자. 래그는 감방 동료가 듣지 못하게 당신에게만 그 숫자를 알려 준다. 당신은 당신 조직 암호에 L을 더한 뒤 그 값을 감방 동료에게 말한다. 감방 동료는 그 값에서 자신의 암호를 뺀 뒤 당신에게 들리지 않도록 래그에게만 알려 준다. 당신은 래그에게 그 숫자가 L인지 아닌지를 물어본다. 만일 래그가 그렇다고 대답한다면 당신과 감방 동료는 같은 조직 소속이고 그렇지 않다면 다른 조직 소속이다. 이렇게 두 사람 모두 자신의 암호를 밝히지 않으면서 서로 같은 조직 소속인지 아닌지를 확인할 수 있다.

036 몸을 뒤틀지 않고 꼬인 끈을 풀려면?

한 사람(예컨대 그림에서 하얀 끈에 손목이 묶인 사람)이 상대방 한쪽 손목에 묶인 고리에 자기 끈을 꿰어 넣은 다음 상대방의 손을 넘겨 끈을 빼내야 한다.

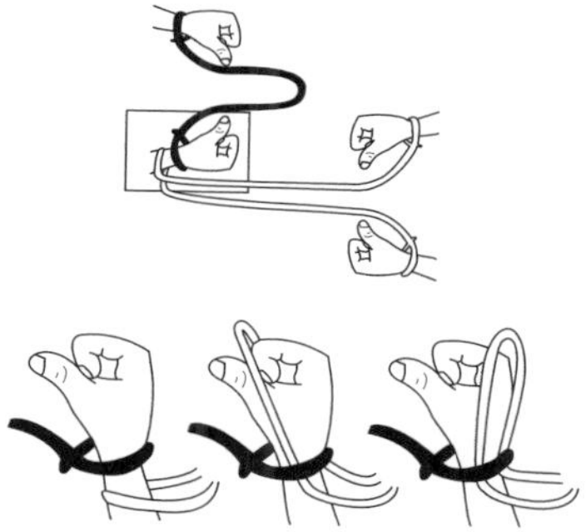

037 지퍼 안쪽이 보이도록 바지를 입으려면?

우선 바지를 허물 벗듯 뒤집어 벗은 뒤 뒤집힌 그대로 빗줄에 걸어 둔다.(바지가 1번 뒤집힌다.) 그다음 한쪽 바지 다리의 밑단을 잡고 바깥 면이 나오도록 뒤집어 빼면서 다른 쪽 다리까지 감싸 뒤집는다. 다시 말해 한쪽 바지통으로 다른 쪽 바지 다리를 빼내는 거다. 스키니 진이라면 꽤 힘들지도 모른다.(이제 바지는 2번 뒤집혀 바깥 면이 나와 있으며 밑단이 당신의 발을 향해 있다.) 양쪽 바지 다리에 발을 넣은 뒤 바지 허리를 잡고 그대로 뒤집어 입어라.(바지가 총 3번 뒤집힌다.) 이렇게 하면 지퍼 안쪽 면이 앞으로 오게 바지를 뒤집어 입을 수 있다.

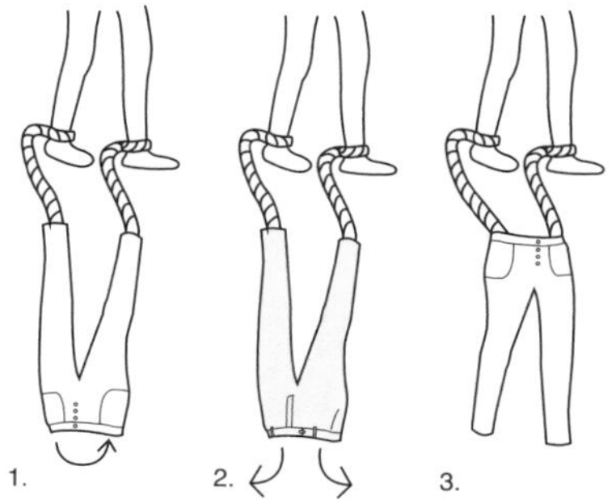

038 거대한 미로 속 직사각형 넓이는?

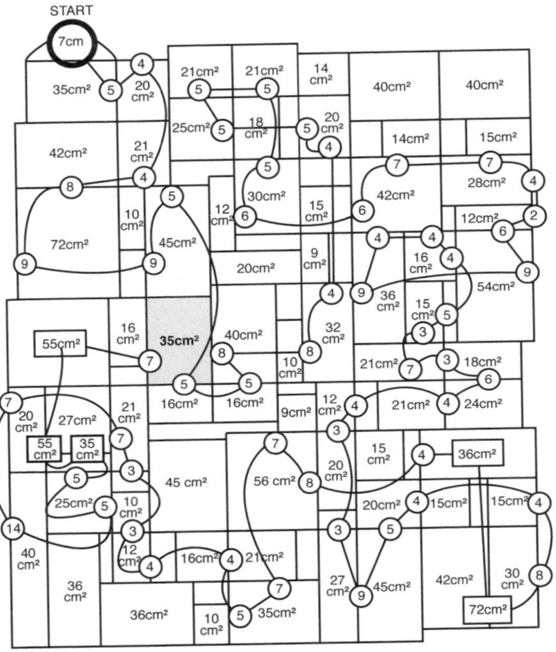

정답을 구하려면 그림에서 줄줄이 이어진 숫자들을 따라가면 된다. 본문에서 설명했듯 처음 순서는 7 → 5 → 4 → 4다. 직사각형의 넓이가 21제곱센티미터이고 가로가 4센티미터라면 세로 길이가 같고 넓이가 42제곱센티미터인 왼쪽 직사각형의 가로는 8센티미터일 것이다. 같은 식으로 계속 찾아가다 보면 마지막으로 색칠한 면적의 넓이가 35제곱센티미터임을 알 수 있다.

039 화살표 미로에서 탈출하려면?

그렇다. 미로에서 탈출할 수 있다.

이 문제를 풀려면 책에 실린 격자만이 아니라 유한한 크기의 격자에 무작위로 화살표가 그려질 수 있는 모든 경우를 생각해 보아야 한다. 격자 크기나 화살표 방향과 관계없이 당신은 미로에서 탈출할 수 있다.

미로에서 나갈 수 없다고 가정해 보자. 이 경우라면 당신은 출발한 이래로 영원히 이 칸 저 칸을 오가야 한다. 그러나 유한한 개수의 칸들을 무한한 횟수로 이동하려면 하나 이상의 칸을 무한한 횟수로 지나쳐야 한다. 이 칸에 대해 생각해 보자. 한 칸을 무한대로 지나친다는 것은 인접한 사방의 칸, 즉 위, 아래, 왼쪽, 오른쪽 칸까지 무한한 횟수로 지나친다는 뜻이다. 마찬가지로 이 칸들의 사방에 위치한 칸들도 무한한 횟수로 지나쳐야 하고 결국에는 격자 안의 모든 칸을 무한한 횟수로 지나쳐야 한다.

그러나 오른쪽 맨 아래 칸은 무한한 횟수로 지나칠 수 없다. 만일 책에 실린 격자와 같이 이 칸의 화살표가 아래를 향해 있다면, 세 번째로 지나칠 때면 오른쪽을 향하게 될 테니 미로에서 빠져나갈 수 있다. 다른 어느 방향을 향해 있었더라도 최대 3번이면 미로 밖으로 나간다.

미로에서 나갈 수 없다는 가정은 거짓이다. 당신은 미로에서 나갈 수 있다.

040 교도관 모두가 교도소 규정을 지키려면?

월요일

4	1	4
1	감옥	1
4	1	4

화요일

2	5	2
5	감옥	5
2	5	2

수요일

1	7	1
7	감옥	7
1	7	1

목요일

	9	
9	감옥	9
	9	

금요일

5		4
	감옥	
4		5

041 어떤 봉투를 골라야 살아남을까?

방 안에 벽난로가 있다는 사실을 눈치챘는가? 관찰력이 뛰어나다면 이처럼 창의적 사고가 필요한 퍼즐에서 큰 도움이 될 것이다. 가장 현명한 방법은 봉투 중 하나를 불길에 던져 넣는 것이다.(물론 실수로 떨어뜨린 척하고 봉투가 완전히 불탈 때까지 기다려야 한다.) 왕에게 방금 불타 없어진 봉투를 선택하겠다고 한다. 다시 말해 책상 위에 남아 있는 봉투를 선택하지 않는 셈이다. 남은 봉투를 열면 '죽음'이라는 글자가 나온다. 왕은 명예를 지키기 위해 불타 없어진 봉투에 '사면'이 들어 있었다고 인정할 수밖에 없다.

042 1부터 100까지 숫자 중 빠진 것을 찾으려면?

산수를 할 줄 안다면 1부터 100까지의 수를 모두 더한 값도 구할 수 있다. 이 값이 $(1+100)+(2+99)+(3+98)+\cdots\cdots+(50+51)$의 값과 같다는 점을 알아채면 합계를 빠르게 구할 수 있다. 다시 말해 이 숫자 100개의 합은 101을 50번 더한 것, 즉 $101\times50=5{,}050$이다.

여왕이 읽어 주는 대로 숫자 99개를 하나씩 더한다면 없어진 숫자를 쉽게 구할 수 있다. 5,050에서 모두 더한 숫자를 뺀 값이 여왕이 빠뜨린 숫자이기 때문이다.

그러나 숫자 99개를 다 더하려면 힘들고 실수하기도 쉽다. 아무리 산수에 재능이 있다고 해도 값이 서너 자리를 넘어가면 아주 헷갈린다.

영리하게 생각하려면 100 이상으로는 셀 필요가 없다는 사실을 알아차려야 한다. 다시 말해 합계가 100에 도달하면 0으로 돌아간다. 예를 들어 86 + 15는 101이 아니라 1이 되는 것이다.(수학 용어로 이를 '모듈로[modulo] 100으로 계산'이라고 한다.)

머릿속으로 1부터 100까지 수만 생각한다면 덧셈이 그리 어렵지 않을 것이다. 모듈로 100으로 마지막 수까지 더한 값이 50보다 작다면 50과 이 값의 차이가 여왕이 빠뜨린 숫자다.(모듈로 100으로 계산하지 않았을 때의 총합이 5,000에서 5,049 사이라는 뜻이므로 앞서 5,050과 총합의 차이가 바로 빠뜨린 숫자였던 것과 동일하다.) 모듈로 100으로 구한 값이 50보다 크다면 150과 이 값의 차이가 여왕이 빠뜨린 숫자다.(모듈로 100으로 계산하지 않았을 때 총합이 4,950에서 5,000 사이라는 뜻이기 때문이다. 5,050과 이 수의 차이는 150과 모듈로 100으로 계산한 값의 차이와 같다.)

043 100 만들기에 먼저 실패하려면?

동료가 방금 말한 숫자와 11 사이에 얼마나 차이가 나는지 그 값을 말하는 전략이다. 맨 처음 동료가 8을 내놓자 3이라고 답한 것도 같은 이유다. 이번에는 동료가 4라고 했으니 당신은 7이라고 답해야 하며 합은 22가 된다. 이런 식으로 계속한다면 매 라운드 총합은 늘 11의 배수가 될 것이다. 결국 그 합은 99에 이르고 그 순간 차례는 동료에게 넘어간다. 100을 넘기는 사람은 동료다.

044 갈림길에서 맞는 길을 선택하려면?

1가지 해결책은 갈림길 중 하나를 가리키면서 주민에게 이렇게 물어보는 것이다. "만약 이 길이 공항 가는 길이냐고 물어본다면 그렇다고 대답하실 건가요?" 만약 정말 공항으로 이어지는 길이라면 진실을 말하는 부족과 거짓을 말하는 부족 모두 "그렇습니다."라고 대답할 것이다. 왜냐하면 거짓말쟁이는 "이 길이 공항 가는 길인가요?"에 대하여 거짓말로 대답할 것이기 때문이다. 직설적으로 물어봤다면 거짓말쟁이는 아마도 "이 길은 공항 가는 길이 아닙니다."라고 대답했을 것이다. 그러나 이런 식으로 물어본다면 "아닙니다." 대신 거짓말을 해야 하기 때문에 "그렇습니다."라고 답했을 것이다. 마찬가지로 그 길이 공항으로 이어지지 않는다면 진실을 말하는 부족과 거짓말을 하는 부족 모두 "아닙니다."라고 대답할 것이다.

질문 속에 질문을 넣는 방법을 사용하지 않는 또 다른 해결책은 길 하나를 가리키며 이렇게 묻는 것이다. "'당신은 거짓말쟁이입니다.'라는 말과 '이 길은 공항 가는 길입니다.'라는 말 중 하나만 진실인가요?" 진실을 말하는 사람은 공항 가는 길이라면 그렇다고, 또 공항 가는 길이 아니라면 아니라고 답할 것이다. 그리고 거짓말을 하는 사람 또한 공항 가는 길이라면 그렇다고 대답할 것이다. 왜냐하면 2가지 모두 사실이기 때문에 진실을 말하려면 "아닙니다."라고 해야 하기 때문이다. 그러나 거짓말쟁이라서 "그렇습니다."라고 대답할 것이다.

045 어쩌고저쩌고? 그렇다? 아니다?

앞선 질문의 첫 번째 해결책을 다시 보자. 한쪽 길을 가리키면서 "제가 만약 이 길이 공항 가는 길이냐고 물어본다면 그렇다고 대답하실 건가요?" 공항 가는 길이 맞는다면 거짓말쟁이와 진실을 말하는 사람 모두 "그렇습니다."라고 대답할 것이다. 이제 "그렇습니다."를 "아닙니다."로 바꿔 보자. 한쪽 길을 가리키면서 "제가 만약 이 길이 공항 가는 길이냐고 물어본다면 아니라고 대답하실 건가요?"라고 물어보자. 이번에는 공항 가는 길이 맞을 때 진실을 말하는 사람과 거짓말쟁이 모두 "아닙니다."라고 대답할 것이다. 다시 말해 당신이 "제가 만약 이 길이 공항 가는 길이냐고 물어본다면 X라고 대답하실 건가요?"라고 물어봤을 때 주민이 X라고 대답한다면 공항 가는 길이 맞으며, X가 "그렇습니다."인지 "아닙니다."인지는 상관없다. 바로 이 통찰에서 이번 문제의 해답을 끌어낼 수 있다.

한쪽 길을 가리키며 물어보자. "제가 만약 이 길이 공항 가는 길이냐고 물어본다면 '어쩌고.'라고 대답하실 건가요?" 만약 주민이 "어쩌고."라고 대답한다면 공항 가는 길이 맞고 "저쩌고."라고 대답한다면 바닷가로 가는 길이다. 마찬가지로 "제가 만약 이 길이 공항 가는 길이냐고 물어본다면 '저쩌고.'라고 대답하실 건가요?"라고 물을 때 주민이 "저쩌고."라고 대답한다면 비행기를 제대로 탈 수 있다는 의미다.

046 사형수의 목숨을 살려 주려면?

성공적인 질문들 중 하나를 살펴보자.

"당신은 제 질문에 '아니다.'라고 대답하고 저를 사형에 처할 건가요?"

다시 말해 다음의 두 선언이 참인지를 묻는 것이다.

[1] 집행인이 당신의 질문에 "아니다."라고 대답한다.

[2] 집행인이 당신에게 사형을 내린다.

집행인은 "그렇다."라고 대답할 수 없다. 만약 집행인이 "그렇다."라고 대답한다면 "아니다."라고 대답하겠다는 선언과 모순되는 거짓 대답이기 때문이다. 그러므로 집행인은 "아니다."라고 대답해야 한다. 반면 "아니다."라고 대답할 경우, 위의 두 선언 모두 참이라는 말은 거짓이므로 두 선언 중 하나는 거짓이어야 한다. "아니다."라고 대답했으므로 선언 [1]은 거짓이 될 수 없으며 따라서 선언 [2]가 거짓이다. 다시 말해 집행인은 당신에게 사형을 내리지 않을 것이다.

047 빨간 모자일까 파란 모자일까?

죄수 두 사람을 A, B라고 하자. 문제에 따르면 A는 B의 모자를, B는 A의 모자를 볼 수 있다. 만약 A가 늘 B의 모자 색과 같은 색을 말하고 B가 늘 A의 모자 색과 다른 색을 말한다면 둘 중 1명은 자신의 모자 색을 맞힐 수 있다. 2가지 모자 색으로 만들 수 있는 가능한 모든 조합을 적은 다음 표로 확인해 보자. 굵은 글씨가 각 경우의 옳은 추측이다.

A의 모자	B의 모자	A의 추측	B의 추측	옳은 추측(개)
빨간색	빨간색	**빨간색**	파란색	1
빨간색	파란색	파란색	**파란색**	1
파란색	빨간색	빨간색	**빨간색**	1
파란색	파란색	**파란색**	빨간색	1

응용 버전으로 죄수 3명이 참여하고 적어도 1명이 추측을 내놓아야 하며 모든 추측이 옳아야 하는 경우 취할 수 있는 전략은 다음과 같다.

다른 죄수 2명의 모자 색이 서로 다르다면 그냥 입을 다물고 있는다.

다른 죄수 2명의 모자 색이 서로 같다면 다른 색을 말한다.

가능한 경우의 수는 빨빨파, 빨파빨, 파빨빨, 파파빨, 파빨파, 빨파파, 파파파, 빨빨빨 총 8가지다. 위의 전략을 따른다면 앞의 6가지 경우에는 2명이 조용히 있고 세 번째 죄수가 모자 색을 맞힌다. 나머지 2가지 경우에는 3명 모두 틀릴 것이다. 다시 말해 8가지 가운데 모자 색깔 조합이 거의 비슷한 6가지에서 적어도 한 사람이 정답을 맞히고 아무도 틀리지 않으므로 죄수들이 생존할 확률은 75퍼센트다.

왜 이 전략이 통하는지를 이해하고 싶다면 모든 모자 색 조합에 걸친 모든 추측을 따져 보자. 죄수들은 추측을 총 12번 내놓는다. 이 중 6번이 맞고(빨빨파, 빨파빨, 파빨빨, 파파빨, 파빨파, 빨파파 1번씩) 6번(파파파, 빨빨빨 3번씩)이 틀린다. 그런데 옳은 추측은 여섯 조합에 걸쳐 있는 반면 틀린 추측은 단 두 조합에 걸쳐 있다. 즉 좋은 것은 가능한 한 많은 상자에 담아 두는 반면 나쁜 것은 가능한 한 적은 상자에 욱여넣은 것이다. 게임 참가자가 3명 이상이라면 같은 방식으로 더욱 극적인 결과가 나타난다. 본문에서도 이야기했듯 죄수 16명이 게임에 참여한다면 생존 확률은 90퍼센트 이상이다.

048 메이저리티 리포트와 이름 기억하기?

다음의 전략을 따른다.

[1] 목록의 첫 번째 이름과 계수기 카운트가 0이 될 때의 이름을 기억한 뒤 이 이름이 불릴 때마다 카운트를 1씩 올린다.

[2] 계수기 카운트가 1 이상이라면 기억한 이름이 불릴 때마다 카운트를 1씩 올리고 다른 이름이 들릴 때는 1씩 내린다. 두 경우 모두 같은 이름을 기억하고 있다.

이 전략을 취한다면 교도관이 목록을 다 읽었을 때 당신이 기억하는 이름이 전체 횟수의 절반 이상 불린 이름임을 장담한다.

왜 이 전략이 통하는지를 이해하고 싶다면 교도관이 'A B C A B A A B A'라는 목록을 읽었을 때 어떤 일이 일어나는가를 살펴보자. 이름은 3가지고 횟수는 9번이다.

마지막 순간 당신이 기억하는 이름은 A이며 실제로 이 이름이 과반수로 불렸다.

불린 이름	카운트	기억하는 이름
A	1	A
B	0	A
C	1	C
A	0	C
B	1	B
A	0	B
A	1	A
B	0	A
A	1	A

049 우리 모두 램프실에 다녀왔습니다?

죄수가 A, B, C, 3명인 경우부터 시작해 보자.

이 전략에서 나머지 모두를 좌우할 핵심 요소는 죄수 1명이 나머지 죄수들과는 다른 역할을 맡는다는 점이다. 이 죄수를 카운터(counter)라고 부르자. 누가 방에 다녀왔는지를 기록한 다음 교도관에게 모두가 다녀왔다고 선언할 죄수이기 때문이다. 일반 죄수들이 램프를 켜 두고 카운터만 램프를 끄면서 죄수들을 세는 것이 이 퍼즐의 핵심이다.

이제 카운터를 C라고 부르겠다. 그가 따를 규칙은 다음과 같다.

램프가 꺼져 있다면 아무것도 하지 않는다.

램프가 켜져 있다면 램프를 끈다.

이때 A와 B의 역할은 이렇다.

램프가 꺼져 있는 것을 처음 봤다면 램프를 켠다.

그게 아니라면 아무것도 하지 않는다.

시나리오가 어떻게 돌아가는지 살펴보자. 램프는 어느 날인가 A 또는 B의 손에 켜지고, 그러면 어느 날인가 C가 와서 끄고, 마침내 A 또는 B가 와서 다시 켠다.(처음에 A가 켰다면 다음에는 B가 켜고 반대로도 마찬가지다.) C가 램프실에 들어갔을 때 램프가 켜져 있는 상황을 두 번째로 마주한다면 그는 다른 죄수 2명 모두 램프실에 다녀갔음을 확신하고는 큰 소리로 "우리 모두 램프실에 다녀왔습니다."라고 외칠 수 있다.

죄수가 23명일 때도 같은 전략을 확대 적용할 수 있다. 만일 카운터가 규칙대로 램프가 켜져 있을 때마다 끄고 다른 모든 죄수가 A와 B처럼 램프가 꺼져 있는 모습을 처음 봤다면 불을 켜지만 그게 아니라면 아무것도 하지 않는다는 규칙을 지킨다면, 카운터는 램프가 켜져 있는 모습을 두 번째로 봤을 때 모두가 램프실에 다녀갔음을 알 수 있다.

이제 램프가 처음부터 켜져 있는지 꺼져 있는지를 모르는 경우 죄수들은 어떻게 해야 할지 알아보자.

앞선 전략은 더 이상 통하지 않는다. 카운터가 처음으로 램프가 켜져 있는 모습을 봤다고 해도 누군가 켜 둔 것인지 아니면 초기 상태 그대로인지를 구분할 수 없기 때문이다.

카운터가 램프실로 들어갔을 때 램프가 켜져 있었으며 사실 초기 상태였다고 해보자. 카운터는 규칙에 따라 램프를 끄겠지만 모두가 램프실에 다녀갔다고 확신하려면 램프가 다시 켜진 모습을 22번 더 보아야 한다. 이는 카운터가 램프를 23번 다시 켜야 한다는 뜻이다. 그러나 '켜진 램프를 23번 볼 때까지 기다리기' 규칙은 해답이 될 수 없다. 램프가 처음부터 꺼져 있었다면 카운터가 켜진 램프를 23번 볼 가능성이 없기 때문이다.

이 문제를 피하는 방법은 카운터가 같은 규칙을 고수하는 한편 나머지 죄수들이 규칙을 살짝 바꿔 램프를 2번씩 켜는 것이다. 바뀐 규칙은 이렇다.

램프가 꺼진 모습을 처음 또는 두 번째 본다면 램프를 켠다.

그게 아니라면 아무것도 하지 않는다.

이제 카운터는 램프가 켜진 모습을 네 번째 보았을 때 모든 죄수가 램프실에 다녀갔음을 확신할 수 있다. 만약 램프가 처음부터 켜져 있었다면 다른 죄수들 모두 2번씩 다녀갔다는 뜻이다. 만약 램프가 처음부터 꺼져 있었다면 1명을 제외한 다른 죄수들 모두 2번씩 다녀갔고 나머지 1명이 1번만 다녀갔다는 뜻이다. 카운터가 켜진 램프를 네 번째로 보기도 전에 모든 죄수가 이미 램프실을 다녀갔을 가능성도 물론 있지만 카운터는 켜진 램프를 네 번째로 보고 난 뒤에야 비로소 확신할 수 있다.

050 100개 서랍에서 내 이름표를 찾을 확률은?

해답을 설명하기에 앞서 수학의 순열 개념을 살펴보자. 죄수들의 전략을 훨씬 더 쉽게 이해할 수 있다. 여기 물건 10개가 있고 물건이 놓인 자리를 바꾸려 한다고 해 보자. 자리 바꾸기는 다음의 예처럼 될 수 있다.

원래 자리	1	2	3	4	5	6	7	8	9	10
새 자리	4	8	5	6	9	1	10	2	7	3

표에 나타난 패턴을 쉽게 이해할 수 있도록 그림으로 그려 보자. 표에서 1은 4로, 4는 6으로, 6은 1로 이동하면서 순환 경로, 즉 '순열 사이클'을 이룬다. 표 전체는 다음과 같이 그릴 수 있다.

3개의 사이클이 각각 3개, 2개, 5개 길이로 이루어졌음을 쉽게 볼 수 있다. 물건 10개로 만들 수 있는 순열은 360만 가지가 넘으며 그 길이는 1개부터 10개까지 다양하다.

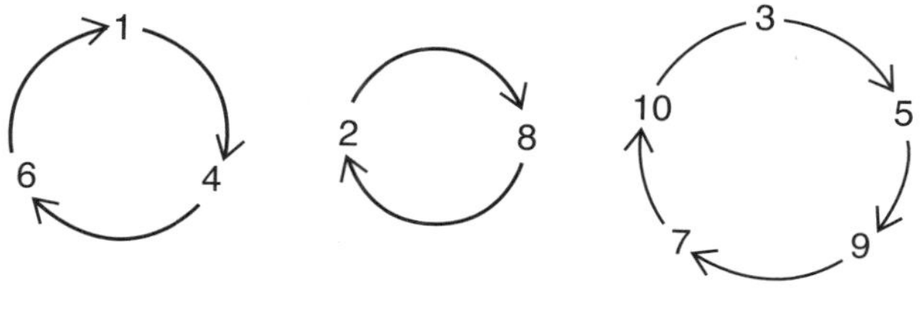

이제 다시 죄수들에게 돌아가 보자. 죄수들은 다음 전략을 따라야 한다. 우선 순서를 정해 죄수 1, 죄수 2, 죄수 3 같은 식으로 1번부터 100번까지 번호를 붙인다. 이후 방에 들어갈 때 다음 규칙을 따르기로 합의한다.

[1] 모든 죄수가 방에 들어가자마자 자기 번호가 붙은 서랍장을 연다. 즉 1번 죄수가 처음으로 여는 서랍은 1번 서랍이고 2번 죄수가 처음으로 여는 서랍은 2번 서랍이며 나머지 번호도 마찬가지다.

[2] 서랍을 열었을 때 다른 죄수, 예컨대 k번 죄수의 이름표가 들어 있다면 다음으로 k번 서랍을 연다. 다시 말해 1번 죄수가 서랍을 열었을 때 32번 죄수의 이름표가 들어 있다면 이 사람이 두 번째로 열 서랍은 32번 서랍이다. 이 서랍을 열었을 때 67번 죄수의 이름표가 들어 있었다면 그다음엔 67번 서랍을 열어야 하며 그 이후도 마찬가지다.

이 2가지 규칙은 각 죄수를 순열 사이클과 동일한 경로 위에 올려 둔다.

그 이유는 이렇다. 서랍 10개와 죄수 10명이 있다고 해 보자. 앞서 본 표의 1행이 서랍 번호고 2행이 죄수 번호라고 한다면, 이 표는 이름표들이 서랍에 놓일 수 있는 1가지 경우를 나타낸 표가 된다. 예시로 1번 서랍에는 4번 죄수의 이름표가, 2번 서랍에는 8번 죄수의 이름표가 들어 있다는 말이다.

서랍 번호	1	2	3	4	5	6	7	8	9	10
죄수 번호	4	8	5	6	9	1	10	2	7	3

전략과 규칙을 준수한다면 죄수 1은 방에 들어가자마자 1번 서랍을 열고 4번 죄수의 이름표를 발견한다. 그러므로 4번 서랍을 열고 6번 죄수의 이름표를 발견하며 뒤이어 6번 서랍을 열고 자신의 이름표를 발견한다. 그가 밟은 사이클은 1→4→6→1이었으며, 서랍 3개를 열어 본 끝에 자신의 이름표를 발견했다.

다른 죄수들의 경로 또한 앞의 표에 드러난 순열 사이클을 따라가며 찾을 수 있다. 4번 죄수와 6번 죄수 또한 자신의 이름표를 찾기까지 서랍 3개를 열어 볼 것이고, 2번 죄수와 8번 죄수는 서랍 2개를, 나머지 죄수들은 서랍 5개를 열어 볼 것이다. 다시 말해 어느 죄수가 자신의 이름표를 찾기 위해 열어 보아야 할 서랍의 개수는 그가 몸담고 있는 순열 사이클의 길이와 같다. 전략에 따르는 죄수는 사이클을 따라 서랍들을 하나씩 열어 보며 사이클을 한 바퀴 완주하는 지점에서 자신의 이름표를 찾게 된다.

서랍과 죄수를 각각 100개, 100명으로 늘릴 때도 같은 현상을 관찰할 수 있다.

죄수가 100명이고 한 명당 서랍을 50개씩 열어 볼 수 있다면 죄수들은 모든 순열 사이클의 길이가 50 이하일 때에만 자신의 이름표를 무사히 찾게 된다. 만약 순열 사이클의 길이가 50을 초과한다면 그 죄수는 서랍을 50번 열어 보는 동안 사이클을 완주하지 못한다.

그러므로 이 전략은 길이가 50을 넘는 순열 사이클이 없을 때에만 성공할 수 있다. 다시 말해 모든 죄수가 자신의 이름표를 무사히 찾아 석방될 확률을 구하려면, 원소 100개로 만드는 임의 순열 하나에 길이 50 이상의 순열 사이클이 없을 확률을 구해야 한다.(다시 말해 100개 원소로 이루어지고 모든 순열 사이클의 길이가 50을 넘지 않는 순열의 개수를 100개 원소로 이루어진 모든 순열의 개수로 나누어야 한다.) 이 책에 싣기에는 산출 과정이 너무 기술적이므로 결과만 이야기하자면, 길이 50 이상의 순열 사이클이 없을 확률은 30퍼센트를 약간 넘는다.

순열 사이클이라는 독특한 작용이 죄수들에게 예상외로 꽤 높은 생존 확률을 보장해 주는 셈이다.

제3장
케이크와 큐브와 구두 수선공의 칼
기하학 문제

051 칼리송이 망가지지 않게 포장하려면?

같은 그림이지만 3차원으로 보는 순간 해답이 튀어나온다. 마름모꼴 칼리송을 육각형 상자 안에 포장해 두고 위에서 내려다본 그림이 아니라 커다란 정육면체 안에 작은 정육면체들을 쌓아 둔 모습이라고 생각해 보자.

다음 그림처럼 각 방향의 면을 다른 색으로 칠하면 더 뚜렷하게 보인다.

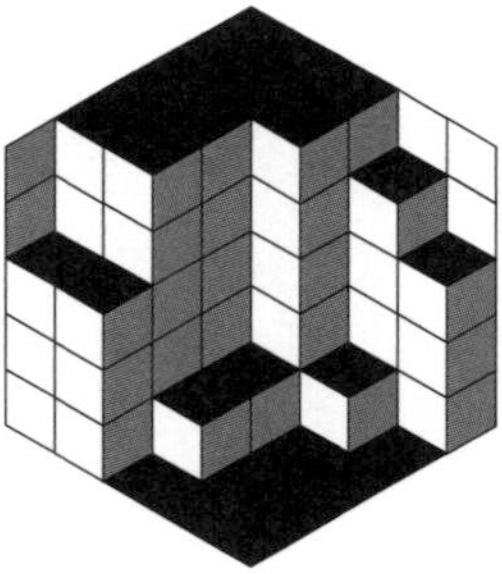

검은색 칼리송은 작은 정육면체의 윗면이고 회색 칼리송은 오른쪽 수직면이며 흰색 칼리송은 왼쪽 수직면이다. 이 커다란 정육면체를 위에서 내려다보면 작은 정육면체의 윗면들로 이루어진 5×5의 검은색 정사각형으로 보일 것이다. 같은 정육면체를 오른쪽에서 본다면 작은 정육면체의 오른쪽 수직면들로 이루어진 5×5의 회색 정사각형으로 보일 테고, 왼쪽에서 본다면 왼쪽 수직면들로 이루어진 5×5의 흰색 정사각형으로 보인다.

다시 말하자면 검은색, 회색, 흰색 마름모들은 각각 커다란 정육면체의 한 면씩을 이루며, 각 색의 마름모들이 서로 똑같은 넓이를 메워야 한다. 각 색의 면이 같은 수의 칼리송으로 이루어져 있으므로 각 방향으로 놓인 칼리송의 개수가 같음을 추론할 수 있다.

나아가 각 방향으로 놓인 칼리송의 개수는 박스 안에 어떻게 포장을 하든 상관없이 늘 같을 것이다.

052 남은 케이크를 동일하게 2등분 하려면?

다음 그림처럼 케이크의 중심점과 베어 먹은 조각의 중심점을 지나는 직선으로 자른다.

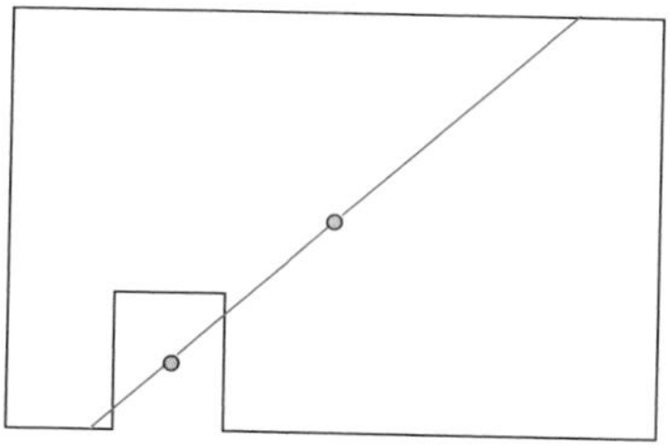

이 퍼즐을 풀려면 직사각형의 중심점을 지나는 모든 직선이 해당 직사각형을 넓이가 똑같은 두 부분으로 나눈다는 사실을 깨달아야 한다. 누군가가 직사각형 모양으로 베어 먹기 전의 케이크를 생각해 보자. 케이크의 중심점만 지난다면 어떻게 자르든 2조각의 양은 같았을 것이다. 이제 직사각형 모양으로 베어 먹은 케이크를 생각해 보자. 앞의 그림처럼 케이크의 중심점과 베어 먹은 부분의 중심점을 지나는 직선으로 자른다면 이번에도 똑같은 양을 두 사람에게 나누어 줄 수 있다.

베어 먹은 부분 또한 정확히 반으로 가를 수 있기 때문이다. 같은 양의 몫에서 똑같은 영역만큼 잘라 내므로 남는 양 또한 서로 같은 셈이다. 물론 모양이 다르고 한 사람은 2조각 난 케이크를 먹어야 하겠지만 말이다.

053 5명이 케이크를 똑같이 나누어 먹으려면?

케이크 둘레를 일정한 길이로 나누어 5조각을 자르면 된다. 다음 격자에서 볼 수 있듯 케이크 둘레는 20칸이므로 가장자리를 4칸씩 나누어 5조각으로 잘라야 한다. 둘레의 어느 한 점을 기준으로 4칸씩 건너뛰어 점을 찍으면 다음과 같다.

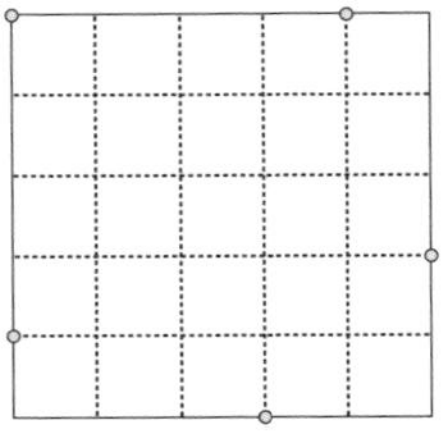

케이크의 중심점과 각각의 점을 이어 자르면 양이 똑같은 5조각으로 자를 수 있다. 어쩌면 당신은 똑같은 모양으로 5조각을 자르려 했을지도 모르지만 사실 문제에서 모양은 요구 사항이 아니었다. 각 조각의 모양은 다르지만 양은 같다.(그리고 만약 케이크 위에 아이싱이 덮여 있다면 크림 양도 조각마다 같을 것이다.)

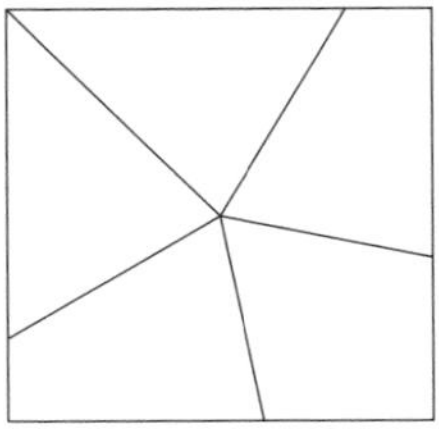

조각이 모두 같은 크기라는 사실은 앞의 그림에서처럼 각 조각의 위 면적이 삼각형이거나 두 삼각형을 합친 사각형이라는 데서 확인할 수 있다. 삼각형의 넓이는 밑변에 높이를 곱한 값의 절반이다. 각 조각을 이루는 삼각형들은 모두 높이가 같은데, 왜냐하면 높이가 곧 중심점에서 가장자리까지의 수직 거리(즉 2.5칸)이기 때문이다. 어느 조각이 삼각형 1개라면 밑변이 4칸일 테고 삼각형 2개라면 두 밑변을 더한 값이 4칸일 것이다. 그러므로 모든 조각의 위 면적은 같다.

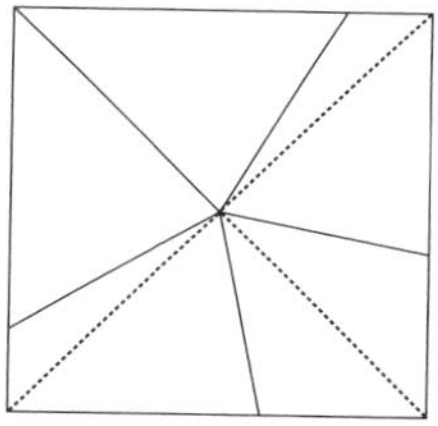

사실 이 방법은 케이크를 몇 조각으로 나누든 상관없이 적용할 수 있다. 정사각형 모양 케이크를 7조각, 9조각 혹은 n조각으로 자르고 싶다면 케이크 둘레를 7, 9 혹은 n으로 나눈다. 동그란 케이크를 여러 조각으로 나눌 때와 본질적으로 같은 원리다. 둘레를 일정한 간격으로 나눠 해결한다.

054 도넛 하나를 3번 잘라 9조각으로 나누려면?

다음 그림들은 도넛을 3번 자를 경우 나올 수 있는 2가지 해답이다. 둘 다 어떤 조각은 매우 크고 어떤 조각은 매우 작다. 2번 자를 경우는 다음 그림에서 직선 하나씩을 빼면 된다.

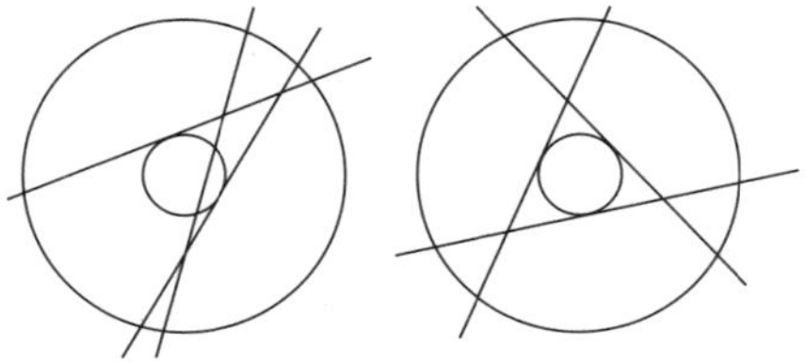

055 따로 떨어져 있는 삼각형들과 별의 탄생?

제목이 힌트가 되었는가? 해답은 맨 꼭대기 삼각형을 이용해 별 하나를 더 만드는 방법이다.

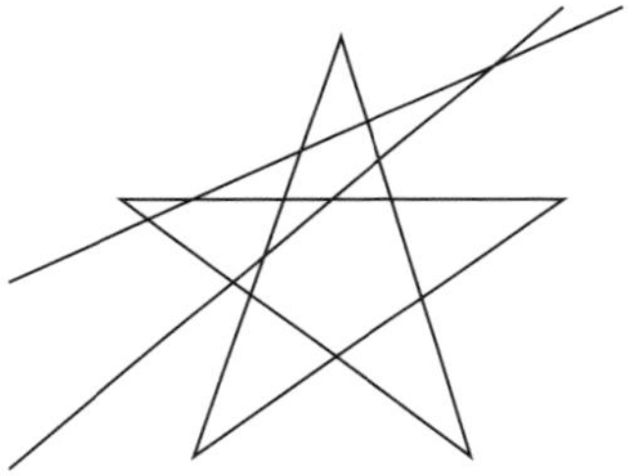

056 직사각형으로 정사각형을 만들려면?

직사각형은 가로 25센티미터, 세로 16센티미터이므로 넓이가 400제곱센티미터다. 그러므로 가로, 세로가 각각 20센티미터인 정사각형을 만들어야 한다는 사실을 알 수 있다. 가로 20센티미터 지점에서 자르기 시작한다고 생각한다면 곧 '계단 모양'으로 잘라야 한다는 해답에도 이를 것이다. 마치 높이 4센티미터, 폭 5센티미터인 계단을 그리는 것처럼 지그재그 모양으로 이 직사각형을 자른다면 2조각이 완벽하게 맞아떨어진다.

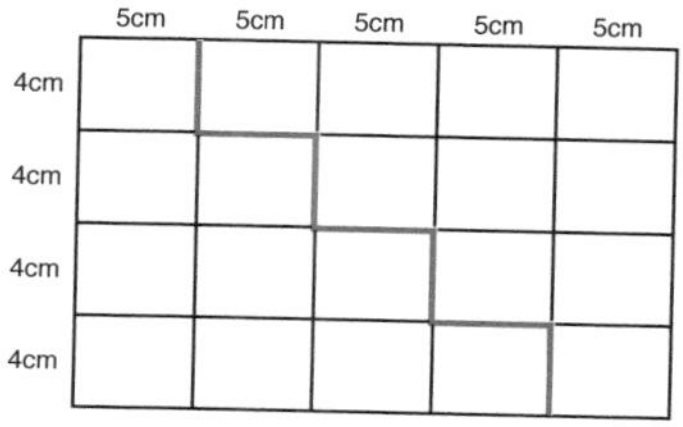

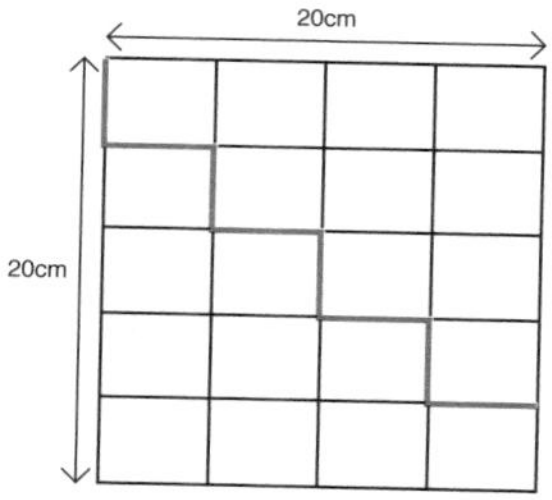

IBM 싱크패드 701 시리즈의 버터플라이 키보드에도 이와 같은 방법이 사용됐다. 이 버터플라이 키보드는 계단 모양으로 둘로 나뉘어 있었으며 4와 5, T와 Y, H와 J, M과 쉼표 키 사이가 떨어져 있었다. 노트북을 닫았을 때에는 키보드가 정사각형 모양으로 접혀 4와 J, T와 쉼표 등이 나란히 붙었고, 노트북을 열면 4와 5, T와 Y 등이 다시 나란히 붙으며 직사각형 모양으로 펼쳐졌다.

057 가마 의자가 정사각형 모양이 되려면?

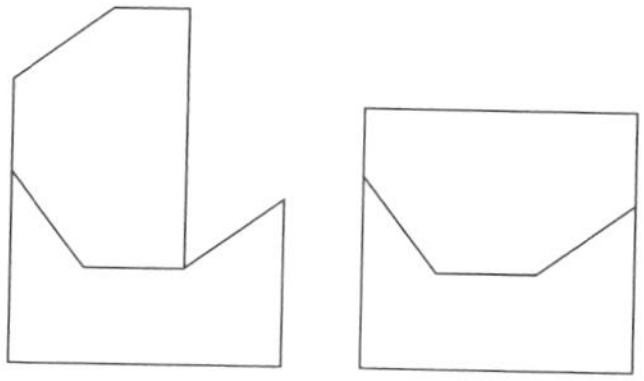

058 스페이드를 하트로 탈바꿈하려면?

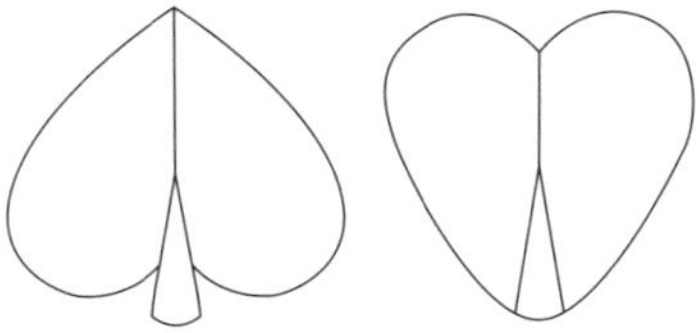

059 깨진 꽃병을 붙여 정사각형을 만들려면?

꽃병을 1번 자르면 직선 하나를 포함한 2개의 조각이 생긴다. 목표하는 정사각형은 길이가 같은 직선 4개로 이루어지므로, 꽃병을 어떻게 2번 잘라야 길이가 같은 직선들을 얻을 수 있을지 생각해야 한다. 해답은 다음과 같다.

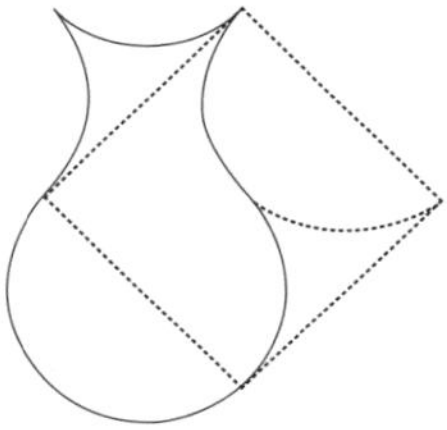

060 정사각형으로 정사각형 만들기?

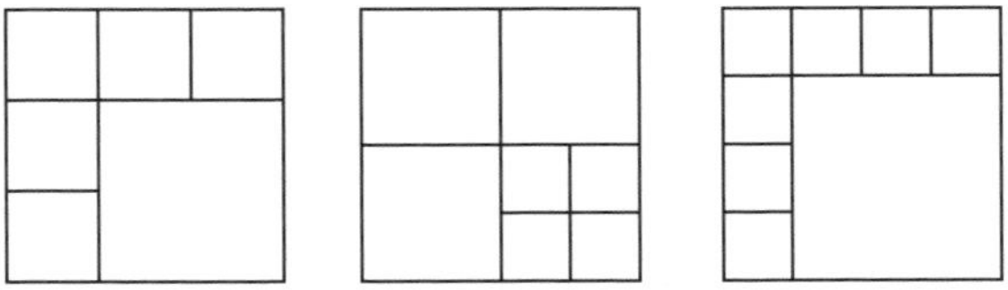

061 퍼킨스 아주머니 퀼트 속 정사각형 개수는?

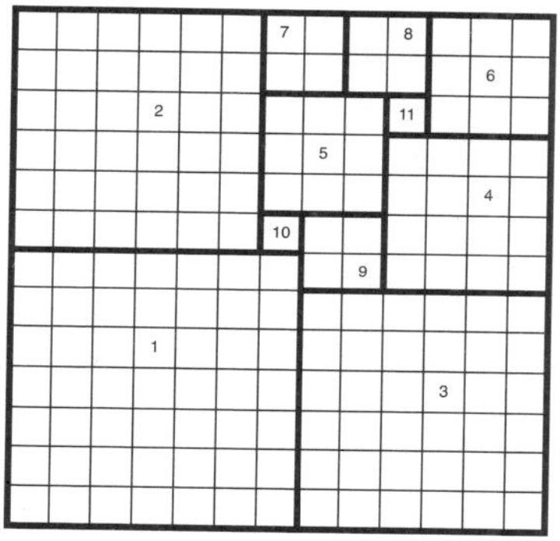

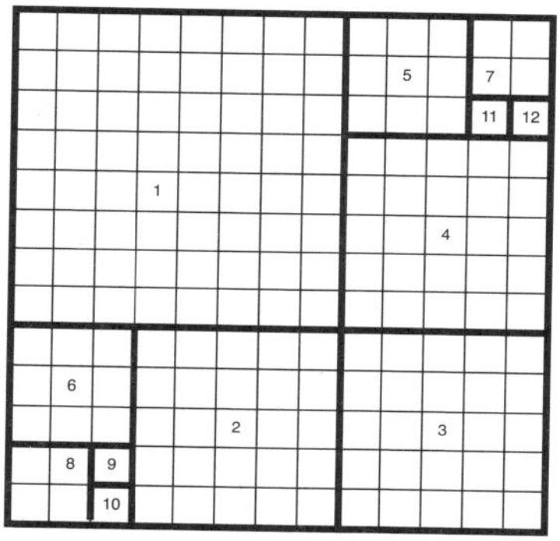

최소 11조각이다. 만약 12조각까지 성공했다면 장려상을 주도록 하겠다.

062 렙타일로 스핑크스를 만들려면?

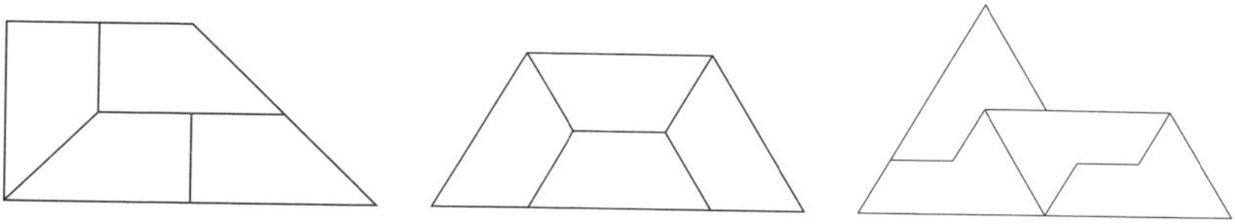

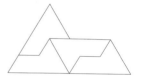

063 신비한 동물들을 같은 모양으로 나누려면?

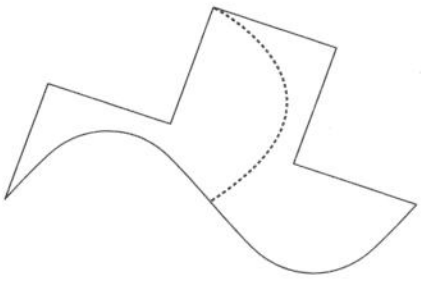

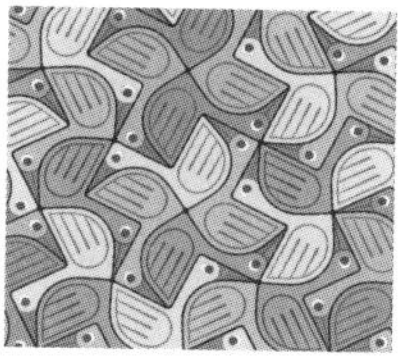

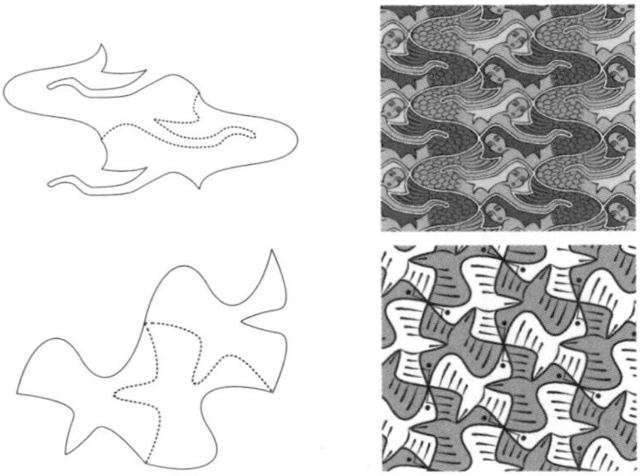

064 정사각형 2개가 겹친 부분의 넓이는?

아래 그림처럼 큰 정사각형의 두 변을 연장해 그리면 작은 정사각형을 4조각으로 나눌 수 있다. 4조각 모두 각도와 밑변이 같으므로 동일한 사각형이 된다. 그러므로 색칠한 영역의 넓이는 작은 정사각형 넓이의 4분의 1이다. 작은 정사각형은 한 변의 길이가 2이므로 넓이는 4이며 따라서 겹친 부분 영역의 넓이는 1이다.

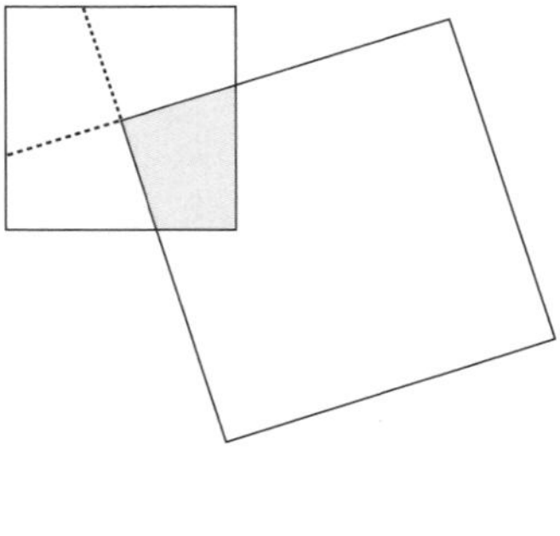

065 삼각형을 4등분 했을 때 한 조각의 넓이는?

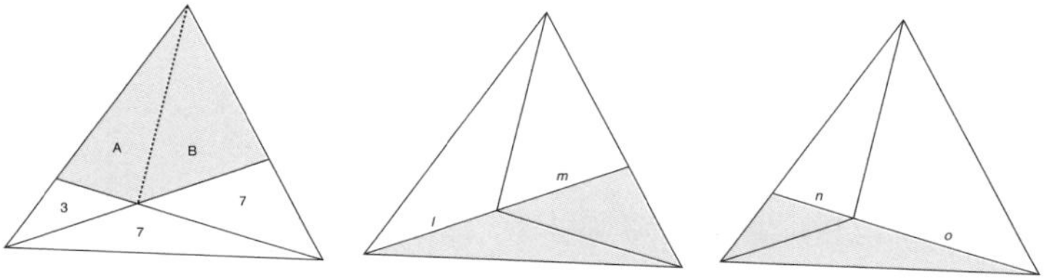

첫 번째 그림을 보면 두 선분의 교차점에서 꼭짓점까지 이어지도록 선분을 그어 색칠한 영역을 A와 B로 나누었다.

두 번째 그림을 보면 왼쪽의 색칠한 삼각형 하나는 밑변 l에 넓이 7이며, 오른쪽의 다른 하나는 밑변 m에 넓이 7임을 알 수 있다. 두 삼각형은 높이가 같으므로 $l = m$임을 추론할 수 있다.(삼각형 높이는 밑변에서 반대편 꼭짓점까지의 수직 거리다.)

나머지 두 삼각형의 높이 또한 같기 때문에 $l = m$이라면 밑변이 l인 나머지 삼각형의 넓이는 밑변이 m인 나머지 삼각형 넓이와 같아야 한다.

다시 말해 $A + 3 = B$다.

세 번째 그림을 보면 색칠한 삼각형 하나는 밑변 n에 넓이 3이며, 다른 하나는 밑변 o에 넓이 7이다. 두 삼각형의 높이가 같으므로 $n = \frac{3}{7} \times o$임을 알 수 있다.

나머지 두 삼각형의 높이 또한 같기 때문에 $n = \frac{3}{7} \times o$라면 밑변이 n인 나머지 삼각형의 넓이는 밑변이 o인 나머지 삼각형 넓이의 7분의 3이어야 한다.

다시 말해 $A = \frac{3}{7}(B + 7)$, 즉 $7A = 3B + 21$이다.

여기에 B의 값을 대입하면 다음과 같이 풀 수 있다.

$7A = 3(A + 3) + 21$

$7A = 3A + 9 + 21$

$4A = 30$

A = 7.5

따라서 B = 10.5이고,

A + B = 18이다.

066 카트리나의 아르벨로스와 그 넓이는?

답은 π다.

우선 수직선이 반원 내 어느 지점에 위치하는지가 문제에 주어지지 않았다는 점을 알아차려야 한다. 이에 따라 위치는 아무 상관이 없다고 가정할 수 있다. 이제 편의를 위해 수직선을 도형의 정중앙으로 옮겨 보자.

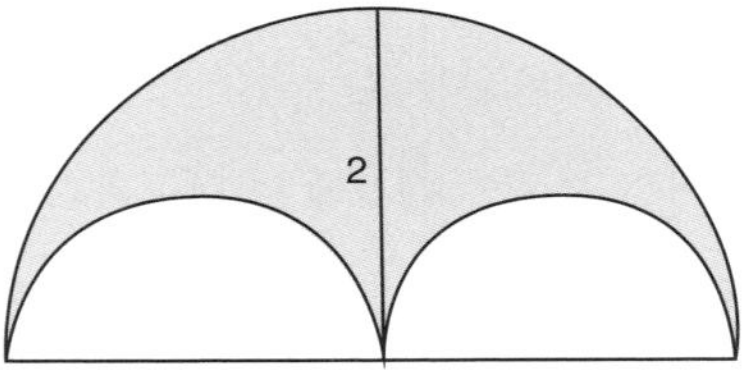

이제 좀 더 쉬운 문제가 되었다. 색칠한 영역은 반지름이 2인 반원에서 지름이 2, 즉 반지름이 1인 반원 2개를 뺀 넓이다. 이를 풀면 $\frac{\pi 2^2}{2} - \pi 1^2 = 2\pi - \pi = \pi$다.

수직선을 옮겨도 되는지 확신이 서지 않는다면 다른(조금 덜 우아한) 방식으로 문제를 풀어 보자. 두 반원의 지름을 a, b라 하고 다음과 같이 보조선 x와 y를 긋는다.

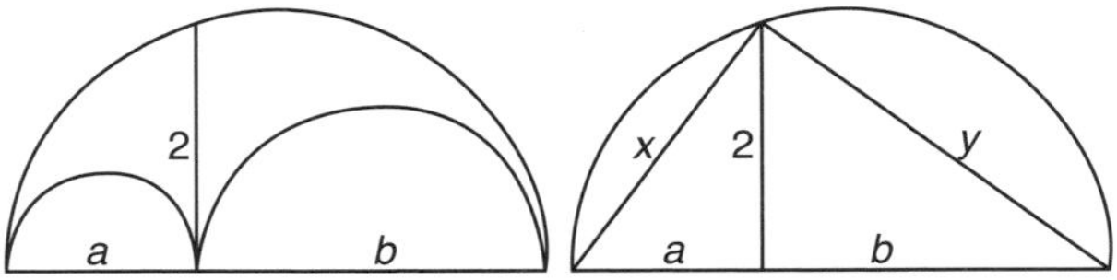

이제 직각 삼각형 3개가 생겼으니 각 삼각형에 피타고라스의 정리(직각 삼각형에서 빗변의 제곱이 두 직각변을 제곱한 값의 합과 같다.)를 이용할 수 있다. 직각 삼각형의 빗변은 각각 x, y, $(a+b)$인데 지름에 대한 원주각이 직각이기 때문이다.

$x^2 = a^2 + 2^2$

$y^2 = b^2 + 2^2$

$(a+b)^2 = x^2 + y^2$

세 등식을 결합하여 x와 y를 없애면 다음과 같다.

$(a+b)^2 - a^2 - b^2 = 8$

색칠한 영역은 반지름 $\frac{a+b}{2}$인 커다란 반원의 넓이에서 반지름이 각각 $\frac{a}{2}$, $\frac{b}{2}$인 작은 반원 2개의 넓이를 뺀 값으로 다음과 같다.

$\frac{\pi}{8}(a+b)^2 - \frac{\pi}{8}a^2 - \frac{\pi}{8}b^2$

즉, $\frac{\pi}{8}[(a+b)^2 - a^2 - b^2] = \frac{\pi}{8} = \pi$

그러므로 a와 b의 값과 관계없이 넓이는 π다.

067 카트리나의 십자가 속 정삼각형 넓이는?

정삼각형의 넓이의 합은 직사각형 넓이의 3분의 2다.

이 문제는 다양한 방법으로 풀 수 있다. 다음 풀이는 대수학을 이용하지 않는 방법이다. 퍼즐 제작자 카트리나 시어러를 기리는 의미에서 삼각형을 시어링(shearing, 모양 깎기—옮긴이) 할 때의 성질, 즉 밑변과 높이가 같은 두 삼각형은 넓이가 같다는 점을 이용해 보자.(다시 한번 말하지만 삼각형의 높이는 밑변에서 꼭짓점까지의 수직 거리다.) 밑변에서 먼 꼭짓점을 밑변과 평행하게 움직여 삼각형의 모양을 바꾼다고 하더라도 밑변이나 높이가 변하지 않으므로 삼각형의 넓이 또한 변하지 않는 성질 말이다.

1단계. 정삼각형은 내각이 모두 60도이며 문제의 색칠한 삼각형 4개는 모두 정삼각형이다. 그러므로 삼각형이 모두 맞닿는 지점에서 정삼각형을 제외한 나머지 삼각형들의 각은 각각 30도가 된다. 4개의 각이 동일한 이유는 한 지점을 중심으로 생기는 모든 각의 합이 360도이기 때문이다. 가장 작은 정삼각형 한 변의 길이를 a라고 하자. 그리고 굵은 선으로 표시된 왼쪽 상단 삼각형에 주목해 보자. 이 삼각형이 가장 작은 정삼각형과 공유하는 변의 길이가 a다. 이 삼각형의 왼쪽 내각은 30도인데, 바로 아래 중간 크기 정삼각형의 내각 60도와 합쳤을 때 직각인 90도가 되어야 하기 때문이다. 어느 삼각형의 두 내각이 같다면 두 빗변의 길이 또한 같으므로 왼쪽 상단 삼각형에서 수평으로 놓인 위쪽 빗변의 길이 또한 a이며 따라서 직사각형의 가로는 $3a$다. 마찬가지로 굵은 선으로 표시된 오른쪽 하단 삼각형을 보면, 중간 크기 정삼각형의 빗변의 길이를 b라고 했을 때 직사각형의 세로가 $2b$임을 알 수 있다.

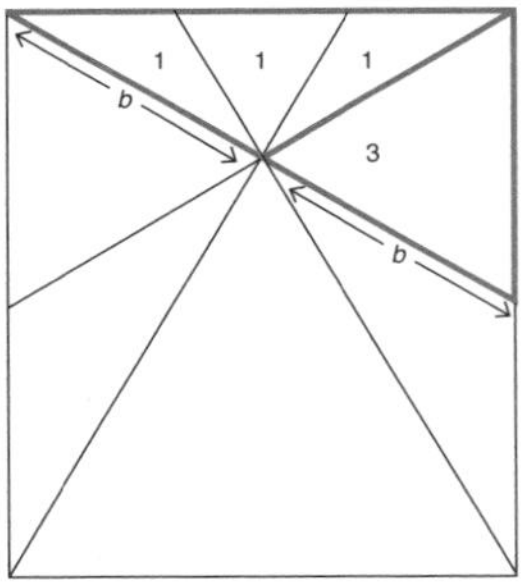

2단계. 한 변의 길이가 a인 정삼각형 넓이가 1이라고 한다면, 바로 옆의 두 이등변 삼각형 또한 밑변과 높이가 같으므로 넓이가 1이다.(앞에서 보았듯 밑변과 높이가 같은 삼각형은 넓이도 같다.) 이제 넓이 1의 삼각형 3개로 이루어진 상단 가운데 큰 삼각형(그림에서 굵은 선으로 표시)을 살펴보자. 이 삼각형의 넓이는 3이다. 바로 옆 굵은 선으로 표시된 다른 삼각형 또한 높이와 밑변이 b로 같으므로 넓이는 3이다.

3단계. 중간 크기 정삼각형의 넓이가 3이고 굵은 선으로 표시된 하단의 다른 삼각형 또한 높이와 밑변이 같으므로 넓이가 3이다. 다른 영역도 마찬가지로 구할 수 있다. 정삼각형의 한 변이 3배로 길어지면 넓이는 9배 늘어난다. 따라서 색칠한 삼각형 넓이의 합은 9 + 3 + 3 + 1 = 16이며, 직사각형의 넓이는 24이므로 색칠한 영역들은 직사각형의 3분의 2를 차지한다.

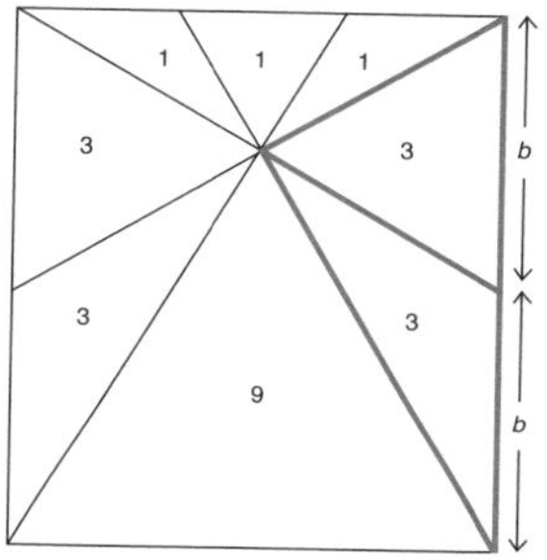

068 정육면체 위 맞닿은 두 선분의 각도는?

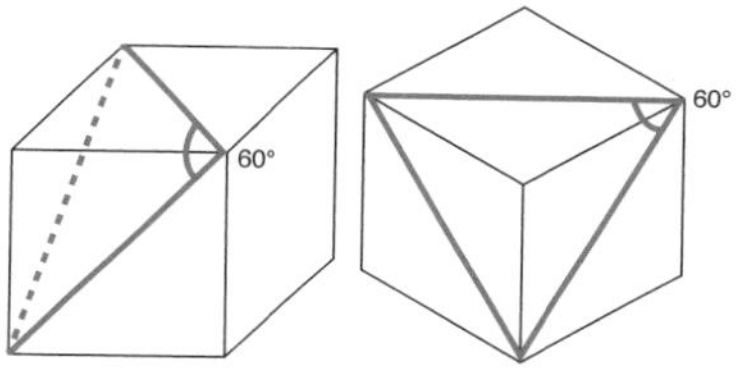

굵은 선의 양 끝을 이어 삼각형을 만든다. 모든 선분의 길이가 같으므로 이 삼각형은 정삼각형이며 따라서 내각은 60도다.

069 멩거 스펀지의 육각 단면은 어떤 모습일까?

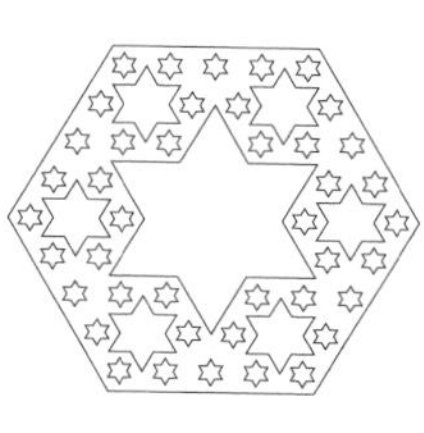

육각형 별 모양 구멍이 생긴다.

070 독특한 마개를 통과하는 물체의 모양은?

해답은 무수히 많다.

구멍 3개 중에 2개, 예컨대 원형과 사각형 구멍에 딱 맞는 물체는 꽤 간단하게 찾을 수 있다. 높이 1, 지름 1의 원기둥 모양이면 된다. 원기둥을 바닥에 평평하게 놓는다면 수평 단면은 지름 1의 원형이 되며, 지름과 수직으로 자른다면 단면은 한 변이 1인 정사각형 모양의 단면이 된다. 원형 구멍에는 물체의 원형 면부터 넣으면 되고 사각형 구멍에는 옆면으로 넣으면 된다.

삼각형 구멍에 맞는 물체를 얻으려면 원형 및 사각형 단면에 수직 방향으로 원기둥을 잘라 삼각형 단면을 만들어야 한다. 아래 왼쪽 그림과 같이 원기둥을 대각선으로 두 번 잘라 내는 것도 한 방법이다. 삼각형 구멍에는 물체의 양날이 닿도록 넣고, 사각형 구멍에는 위쪽 가장자리와 수직으로 세워 넣으며, 원형 구멍에는 바닥부터 넣으면 된다.

한 각도에서만 완벽한 삼각 단면이 되는 이 '마개'는 세 구멍을 모두 지날 수 있는 최대 부피의 물체로 아래 오른쪽 그림과 같다. 왼쪽 그림과 마찬가지로 윗부분에 날이 서 있지만, 날에서 바닥으로 이어지는 모든 수직면이 삼각형 모양이다. 첫 번째 물체를 깎아 두 번째 물체를 만들 수 있으므로, 첫 번째를 깎아 두 번째까지 부피를 줄이는 과정에서 크기가 서로 다른 물체를 무한히 만들 수 있다.

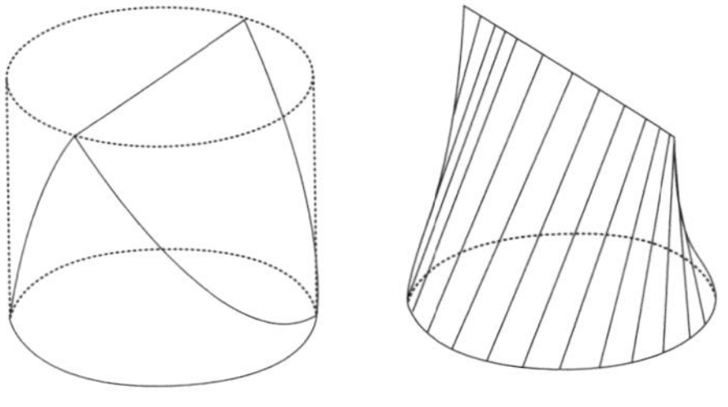

그림에서 오른쪽 물체는 아프가니스탄의 전통 모자 카라쿨과 형태가 비슷하다.

071 두 피라미드의 한 면씩을 포개 붙인다면?

물체는 오면체다. 피라미드 2개를 붙이면 치즈 조각 같은 모양이 되기 때문이다. 삼각 바닥 피라미드의 두 면은 사각 바닥 피라미드의 두 면과 동일 평면상에 있다.

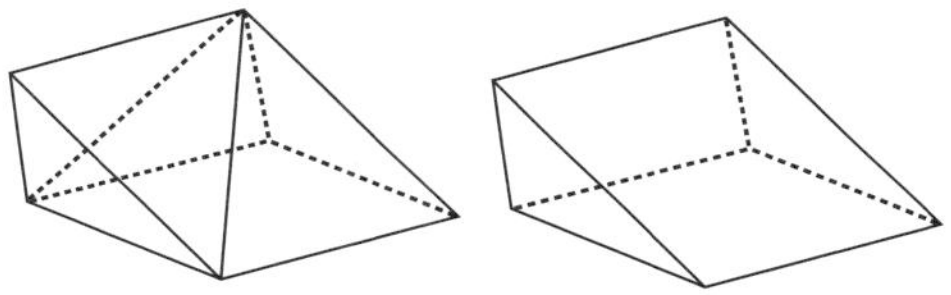

사각 피라미드 2개가 놓인 그림을 보면 해답을 머릿속으로 그리는 데 도움이 된다. 다음 그림과 같이 두 꼭짓점을 잇는 선분을 그려 보면 두 피라미드 사이에 딱 맞는 삼각 바닥 피라미드(사면체)가 보일 것이다. 이 사면체의 한 면은 왼쪽 피라미드의 한 면과 딱 맞아떨어지며, 나머지 한 면은 오른쪽 피라미드의 한 면과 맞아떨어진다. 두 피라미드의 앞면과 사면체의 앞면은 동일선상에 놓여 있으며 세 물체의 뒷면 또한 마찬가지다.

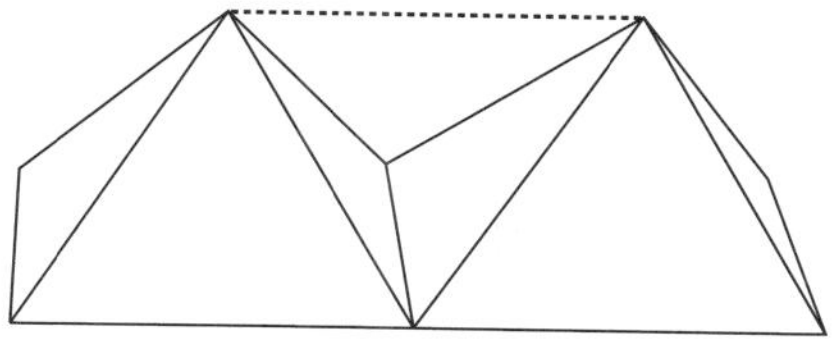

072 막대를 감고 있는 실의 길이는?

막대가 (이를테면 키친타월 휴지심 같은) 원기둥이라고 생각해 보자. 막대의 한쪽 끝 실이 시작하는 지점부터 반대쪽 끝 실이 끝나는 지점까지 직선 하나를 긋는다.

이 선대로 원기둥을 잘라 펼치면 다음 그림과 같은 가로 12센티미터, 세로 4센티미터의 직사각형이 된다. 실이 모서리에서 잘린 지점을 기준으로 나누면 동일하게 가로 3센티미터, 세로 4센티미터 크기의 4칸으로 나눌 수 있다.

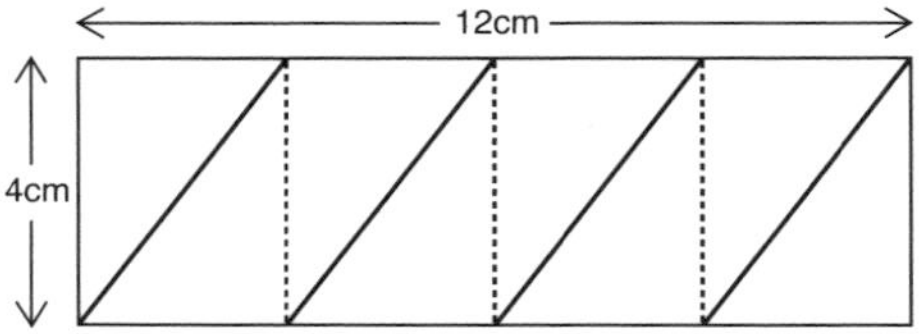

가로 3센티미터, 세로 4센티미터 한 칸을 가로지르는 대각선은 곧 직각 삼각형 빗변과 같다. 여기서 필요한 수학적 지식은 피타고라스의 정리, 즉 직각 삼각형 빗면의 제곱은 두 변의 제곱의 합과 같다는 점뿐이다. 피타고라스의 정리를 이용하면 빗변의 길이는 $\sqrt{(3^2+4^2)} = \sqrt{(9+16)} = \sqrt{25} = 5$다. 실의 총 길이는 빗변 4개와 같으므로 $4 \times 5 = 20$센티미터다.

073 출발점에 살고 있는 곰은 무슨 색일까?

곰은 하얀색이다. 산타클로스 고향이 북극이라는 건 모두 알고 있는가?(만약 산타클로스를 믿지 않거나 산타가 다른 곳에 산다고 믿더라도, 누구든 턱수염이 북슬북슬한 채로 극지방을 날아다니다 보면 눈과 서리 때문에 수염이 하얗게 변할 테니 상관없다.)

정북 방향으로 10마일, 정서 방향으로 10마일, 정남 방향으로 10마일을 걸어 출발점으로 돌아올 수 있는 곳은 지구상에 수없이 많다. 그중 하나가 남극점으로 삼각 경로를 걸은 셈이 되겠지만 문제에서 제외했으니 정답이 아니다.

다른 지역들은 모두 북극점과 매우 가깝다. 원주가 정확히 10마일인 위선(緯線)을 생각해 보자.(북극점에서 남쪽으로 몇 마일 떨어진 지점이다.) 다음 그림과 같이 이 위선에서 남쪽으로 10마일 떨어진 한 지점을 출발점이라고 하면, 여기서부터 정북 방향으로 10마일을 걸은 당신은 위선의 어느 한 지점에 도착하는데 이를 A 지점이라고 한다. 이제 정서 방향으로 10마일을 걷는다는 말은 곧 위선을 한 바퀴 일주하여 A 지점으로 돌아온다는 것과 같다. 여기서 마지막 구간을 따라 남쪽으로 걸어가면 출발점에 도착한다. 원주가 5마일인 위선과 2마일인 위선도 마찬가지며 10을 나눴을 때 자연수로 떨어지는 수라면 모두 마찬가지다. 북극점과 매우 가까울 게 분명한 이 위선들의 어느 지점에서 남쪽으로 10마일 걸어 내려온다면 분명 출발점과 다시 만날 것이다. 왜냐하면 이 위선들을 따라 서쪽으로 10마일을 걸었다면 몇 바퀴를 돌아 결국 제자리로 돌아오기 때문이다.

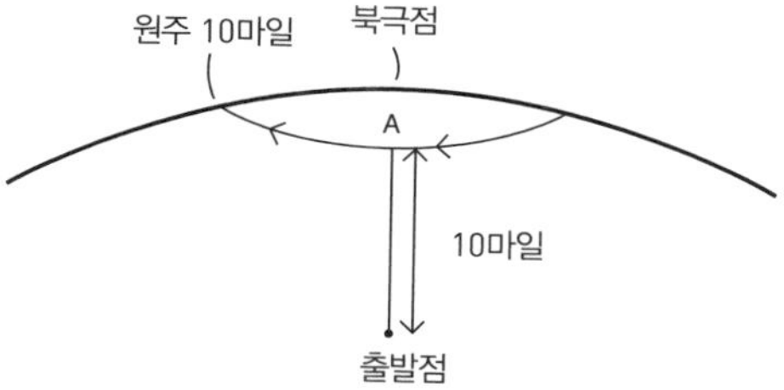

074 18일간의 세계 일주를 마치고 돌아온 날짜는?

필리어스 포그가 돌아오는 날은 10월 19일이다. 만약 동쪽으로 세계 일주를 했다면 해가 뜨고 지는 시간이 빨라지면서 여행자가 느끼는 하루도 짧아진다. 해가 18번 뜨고 질 때(즉 18일이 지났다고 느낄 때) 출발지 기준으로는 17일이 지나 있다.

실제로 쥘 베른도 소설《80일간의 세계 일주》에서 이처럼 세계 일주의 독특한 특성을 이용했다. 필리어스 포그는 자신이 80일 만에 세계를 일주할 수 있다며 내기했다. 그는 80일을 세어 가며 여행했지만 기차를 놓친 탓에 예정보다 5분 늦게 런던에 도착했다. 그는 자신이 내기에서 졌다고 생각했지만 사실은 하루 빨리 돌아온 덕에 결국 이겼다.

075 위스키는 정확히 얼마나 남아 있을까?

이 문제는 간단한 통찰만 있으면 풀 수 있는 아름다운 퍼즐이다. 문제를 낼 때 술을 좀 더 마시고 싶은 기분이 들겠지만 너무 많이 마시진 말라고 말했던 건 사실 힌트였다.

똑바로 서 있는 병에 위스키가 14센티미터 높이로 들어 있다면 위스키가 없는 부분의 길이는 13센티미터다.

여기서 위스키를 3센티미터만큼 더 마시고 11센티미터 높이만큼 남겨 둔다면 위스키가 없는 부분은 16센티미터가 될 것이다.

이제 병을 거꾸로 뒤집으면 위스키의 높이는 19 − 3 = 16센티미터가 된다. 위스키로 찬 부분의 부피와 위스키 없이 비어 있는 부분의 부피가 같으므로 이 병은 반만 차 있다고 할 수 있다.

그러므로 병 안에 든 위스키 양은 병 부피 절반에 3센티미터 높이의 위스키를 더한 양과 같다.

위스키 병 용량이 750시시이므로 그 절반은 375시시다. 이제 3센티미터 높이의 위스키 부피만 구하면 된다. 병의 반지름이 r일 때 위스키 3센티미터의 부피는 $\pi r^2 \times 3$센티미터이며, 병의 지름이 7센티미터이므로 반지름은 3.5센티미터다. 그러므로 위스키 3센티미터의 부피는 다음과 같다.

$3.14 \times (3.5)^2 \times 3 = 115$시시(근사치)

병 안에 남은 위스키의 양은 375 + 115 = 490시시(근사치)다.

건배!

제4장

잠 못 이루는 밤과 형제자매 라이벌

확률 퍼즐

076 다크 초콜릿 쿠키를 고를 확률을 높이려면?

단지 하나에 다크 초콜릿 쿠키 1개를 넣고 나머지를 모두 다른 단지에 넣는다. 쿠키 1개가 든 단지를 연다면 100퍼센트 확률로 다크 초콜릿 쿠키를 고를 수 있으며, 나머지 단지를 연다면 99분의 49, 즉 49.49퍼센트 확률로 다크 초콜릿 쿠키를 고를 수 있다. 따라서 당신은 75퍼센트에 가까운 확률로 좋아하는 맛을 선택하게 된다.

077 하얀 조약돌 1개를 먼저 꺼내려면?

만약 가방 속 조약돌이 짝수 개수라면 당신과 친구가 하얀 조약돌을 꺼낼 확률은 서로 같다. 먼저 골라도 아무런 이점이 없다. 조약돌을 똑같은 개수로 반반 나눈다고 생각해 보자. 하얀 조약돌은 50퍼센트 확률로 둘 중 한쪽에 들어갈 것이다.

사실 몇 번째 차례든 하얀 조약돌을 뽑을 확률은 같다. 가방 안에 총 n개의 조약돌이 있다고 하면 첫 번째 시도에서 하얀 조약돌을 뽑을 확률은 n분의 1이다. 2번 시도한 끝에 뽑을 확률은 첫 번째 시도에서 뽑지 못할 확률인 n분의 $(n-1)$에 두 번째 시도에서 뽑을 확률인 $(n-1)$분의 1을 곱한 값이다. 따라서 확률은 n분의 1이 된다.

만약 가방 속 조약돌이 홀수 개수라면 더 많이 시도할 수 있도록 먼저 하는 편이 좋다.

078 서랍 속 양말의 개수는?

빨간색 2켤레와 파란색 2켤레, 총 4켤레다. 같은 색 2켤레 혹은 다른 색 1켤레씩을 무조건 얻으려면 최소 3켤레는 꺼내야 한다.

079 주머니 속 잔돈은 총 얼마일까?

동전 20개를 꺼냈을 때 적어도 1개가 10펜스 동전이려면 전체 동전 26개 중 최소 7개가 10펜스 동전이라는 뜻이다.(10펜스 동전이 6개 이하라면 20개를 꺼낼 때 1개 이상 꺼낼 수 있다고 장담할 수 없다.) 마찬가지로 동전 20개를 꺼낼 때 적어도 2개가 20펜스 동전이려면 주머니 속 20펜스 동전이 적어도 8개는 있어야 하며, 20개를 꺼낼 때 50펜스 동전을 적어도 5개는 꺼내려면 주머니 속에 50펜스 동전을 최소 11개는 가지고 있어야 한다.

10펜스 동전이 최소 7개, 20펜스 동전이 최소 8개, 50펜스 동전이 최소 11개라면 $7 + 8 + 11 = 26$이므로 딱 이 개수만큼 동전이 들어 있는 셈이다. 따라서 주머니에 든 총 금액은 11×50펜스 $+ 8 \times 20$펜스 $+ 7 \times 10$펜스 $=$ 5.50파운드 $+$ 1.60파운드 $+$ 70펜스 $=$ 7.80파운드다.(1파운드는 100펜스다. —옮긴이)

080 감자 1포대를 2개로 비등하게 나누려면?

포대 안 감자가 11개라는 말은 $2^{11} = 2{,}048$가지 방법으로 감자를 꺼낼 수 있다는 말이다. 우선 감자를 꺼내지 않는 방법이 있다. 아니면 1개만 꺼내도 되고 2개만 꺼내도 되고 3개만 꺼내도 되고…… 이러다 노래라도 만들 기세니 그만두겠다.

감자를 꺼내 만들 수 있는 2,048가지 조합의 무게는 0그램부터 2,000그램까지 다양하다. 무게의 가짓수보다 조합의 가짓수가 더 많으므로 그램 단위로 반올림했을 때 총 무게가 같은 조합이 2가지 이상 존재한다. 이 두 조합을 A와 B라고 해 보자.

만약 조합 A와 조합 B에 겹치는 감자가 없다면 두 조합을 각각 포대에서 꺼내 쌓을 수 있다. 이렇게 하면 조합 A를 쌓은 감자 더미와 조합 B를 쌓은 감자 더미의 무게는 1그램 이상 차이 나지 않을 것이다.

만약 조합 A와 조합 B에 겹치는 감자가 있다면 그것들을 제외한 나머지 감자들을 쌓으면 된다. 나머지 조합 A를 쌓은 더미와 나머지 조합 B를 쌓은 더미의 무게는 여전히 1그램 이상 차이 나지 않을 것이다.

081 봉지 15개에 나눠 담을 최소한의 사탕 개수는?

사탕 15개가 필요하다. 첫 번째 봉지에 사탕 1개를 넣고, 이 봉지를 다른 사탕 1개와 함께 두 번째 봉지에 넣고, 이 봉지를 또 다른 사탕 1개와 함께 세 번째 봉지에 넣는 식으로 되풀이한다. 열다섯 번째 봉지에는 다른 모든 봉지를 포함해 총 15개가 담긴다. 이 방식대로 담는다면 봉지마다 다른 개수의 사탕(그리고 봉지들)을 담을 수 있다.

082 자루 안에 남아 있는 공이 흰색일 확률은?

자루 안에 든 공이 흰색일 확률은 3분의 2, 즉 66.7퍼센트다.

이 문제는 같은 확률의 결과들을 고려해 풀어야 한다.

처음부터 자루 안에 든 공은 검은색 또는 흰색이다. 흰색 공 하나를 자루 안에 넣으면 2가지 상황이 같은 확률로 일어난다. 하나는 자루 안에 검은색 공과 흰색 공이 각각 하나씩 있는 상황이고 나머지는 흰색 공만 2개인 상황이다. 이제 자루에서 무작위로 공을 꺼낸다면 다음 표와 같은 4가지 상황이 같은 확률로 이어질 것이다.(흰색 공이 2개인 경우 각각을 흰색$_1$, 흰색$_2$라고 표시했다.)

원래 자루에 있던 공	꺼낸 공	자루에 남은 공
검은색, 흰색	검은색	흰색
검은색, 흰색	흰색	검은색
흰색$_1$, 흰색$_2$	흰색$_1$	흰색$_2$
흰색$_1$, 흰색$_2$	흰색$_2$	흰색$_1$

자루에서 나온 공이 흰색일 경우는 3가지며 그중 자루에 남은 공도 흰색일 경우는 2가지다. 따라서 자루에서 튀어나온 공이 흰색일 확률은 3분의 2, 즉 66.7퍼센트다.

083 베르트랑의 상자 역설과 검은 주화가 남을 확률은?

상자 안에 남은 주화가 검은색일 확률은 3분의 2, 즉 66.7퍼센트다.

앞선 문제와 마찬가지로 같은 확률의 결과들을 모두 고려해 풀어야 한다.

상자를 무작위로 연 뒤 주화를 무작위로 택했을 때 각 주화가 선택될 확률은 모두 같다. 검은색 주화가 나왔다면 검은색 주화 3개 중 하나를 선택한 셈이다. 여기서 중요한 점은 검은색 주화를 각각 선택할 확률도 모두 같다는 것이다. 검은색 주화를 A, B, C라고 해 보자.

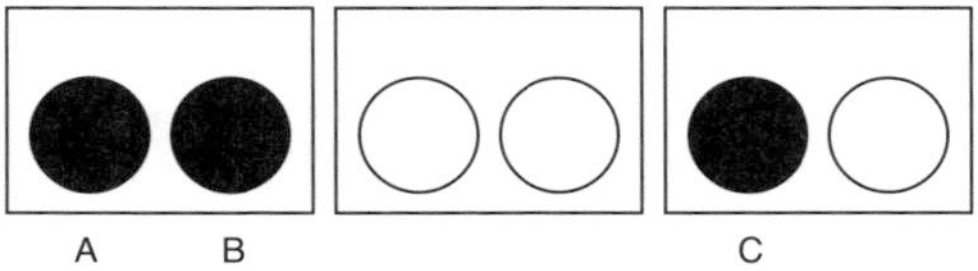

A를 꺼낸다면 상자 안에 남아 있는 주화는 검은색이다.

B를 꺼낸다면 상자 안에 남아 있는 주화는 검은색이다.

C를 꺼낸다면 상자 안에 남아 있는 주화는 흰색이다.

다시 말해 확률이 같은 3가지 경우 중 검은색 주화가 상자 안에 남는 것은 2가지다.

그러므로 상자 안에 검은색 주화가 남을 확률은 3분의 2, 즉 66.7퍼센트다.

084 주사위로 다이어트를 한다면?

월요일이다.

오늘 당신이 디저트를 먹을 확률은 6분의 1이다. 내일 디저트를 처음 먹으려면 오늘은 못 먹어야 하며(6분의 5) 내일 주사위를 던져 6이 나와야 한다.(추가로 6분의 1이다.) 6분의 5 확률과 6분의 1 확률을 곱하면 6분의 1보다 작으므로 내일보다 오늘 처음으로 디저트를 먹을 확률이 높다. 같은 논리로 모레 처음 디저트를 먹을 확률은 내일보다도 더 낮고 이후로도 마찬가지다.

085 주사위를 굴려 내기로 돈을 번다면?

이 내기는 당신에게 유리하지 않다. 실제로 이 내기는 차카락(chuck－a－luck)이라는 카지노 게임으로, 돌아가는 통 안에 주사위 3개를 넣고 굴리는 방식이다.

하우스가 항상 이긴다는 점을 보이기 위해 플레이어 6명이 가능한 6가지 경우에 각각 100파운드씩 건다고 생각해 보자. 하우스에게 600파운드가 주어진다.

만약 주사위 3개에서 같은 숫자가 나온다면 하우스는 내기에서 이긴 1명에게 상금 300파운드와 판돈 100파운드, 총 400파운드를 돌려줘야 한다.

만약 주사위 2개에서 같은 숫자가 나온다면 하우스는 내기에서 이긴 1명에게 상금 200파운드, 또 다른 1명에게 상금 100파운드, 두 사람의 판돈 200파운드까지 총 500파운드를 돌려줘야 한다.

만약 주사위 3개 모두 다른 숫자가 나온다면 하우스는 3명에게 각각 상금 100파운드와 판돈 100파운드씩, 총 600파운드를 돌려줘야 한다.

다시 말해 하우스가 지는 경우는 없다. 아무리 주사위를 굴려도 플레이어가 이길 일은 없다는 말이다.

086 동전 던지기 기록 중 가짜인 것은?

가짜는 두 번째다.

비슷한 점을 찾아보자. 두 경우 모두 앞면과 뒷면이 같은 횟수만큼 나왔다. 무작위로 동전을 던졌다면 대개 이런 결과를 기대하기 마련이다.

이제 다른 점을 찾아보자. 각 경우에서 최대 연속 횟수를 살펴본다. 첫 번째 경우에서는 뒷면이 연속 5번, 앞면이 연속 4번 나왔다. 반면 두 번째 경우에는 뒷면 3번 연속, 앞면 3번 연속이 최대다. 동전을 30번 던졌을 때 5번 연속으로 뒷면이 나오긴 쉽지 않아 보이고 그렇기 때문에 지어낸 결과 같지만, 사실 아주 없는 일은 아니다. 무작위성은 언제나 이처럼 연속된 결과 혹은 '우연'을 선사한다.

앞면과 뒷면이 바뀌는 횟수를 세어 본다면 두 번째 경우에서 지어낸 흔적을 찾을 수 있다. 모든 회차에서 무작위로 동전을 던졌다면 앞면(혹은 뒷면) 다음에는 50퍼센트 확률로 뒷면이, 그다음에는 50퍼센트 확률로 앞면이 기대되기 마련이다. 그러므로 동전을 30번 던졌다면 앞면과 뒷면이 14번 혹은 15번 바뀌길 기대할 수 있다. 첫 번째 경우에 동전의 앞뒷면은 14번 바뀐 반면, 두 번째 경우에는 18번 바뀌었다. 그러므로 두 번째 경우에서 편향성이 좀 더 드러난다. 즉 두 번째 경우가 첫 번째보다 무작위성이 낮다.

087 아이 4명으로 가능한 성별 조합은?

언뜻 보면 절반이 아들이고 절반이 딸일 확률이 더 높을 거라고 생각하기 쉽다.

아이마다 50 대 50 확률로 아들 혹은 딸이 되니 4명을 낳는다면 평균적으로 아들 2명과 딸 2명을 기대하기 마련이다. 턱없는 생각이다!

이제 같은 확률로 나올 수 있는 조합 16가지를 살펴보자.('남'이 아들, '여'가 딸이다.)

남남남여 여여여남 여여남남 여남남여
남남여남 여여남여 남남여여 남여여남
남여남남 여남여여 여남여남 남남남남
여남남남 남여여여 남여남여 여여여여

이렇게 모두 늘어놓고 보면 아들 둘 딸 둘이 되는 경우는 6가지인 반면 어느 한 성별이 셋이고 다른 성별이 하나인 경우는 8가지임을 알 수 있다.

따라서 한 성별이 3명이고 다른 성별이 1명이 될 가능성이 가장 높다.

088 남편과 아내 중 먼저 임신에 반대할 사람은?

아내의 전략으로 가족의 수가 더 적을 가능성이 높다.

'여'를 딸, '남'을 아들이라고 해 보자. 연속으로 태어나는 두 아이를 1쌍으로 보면 남남, 남여, 여여, 여남, 총 4쌍이 같은 확률로 나올 수 있다.

문제를 보면 남편은 남남 1쌍이 나올 때, 아내는 여남 1쌍이 나올 때 아이를 그만 낳자고 한다.

다시 말해 이 문제는 남과 여를 무작위로 늘어놓을 때 남남이 먼저 나올지 여남이 먼저 나올지를 구하는 문제라고 할 수 있다.

아이를 2명만 낳는다면 남남이 나올 가능성과 여남이 나올 가능성은 같아 보인다.

하지만 아이를 2명 이상 낳는다면 남남보다 여남이 먼저 나올 가능성이 커 보인다. 자녀가 4명인 모든 경우에서 남남이 나오는 모든 경우는 남남으로 시작하는 경우를 제외하고는 모두 남남보다 여남이 먼저 나오기 때문이다. 다시 말해 딸이 태어난다면 그 후로는 남남보다는 여남 쌍이 먼저 나온다고 확신할 수 있다.

첫 두 아이가 남남이 될 확률은 4분의 1밖에 되지 않기 때문에 여남이 남남보다 먼저 나올 확률은 4분의 3이다.

결국 아내와 남편 중 누군가가 아이를 그만 낳고 싶어지는 시점이 온다면 그 사람은 아내일 가능성(75퍼센트)이 남편일 가능성(25퍼센트)보다 높다.

089 아들이나 딸이 2명 있을 확률은?

[1]

3분의 1이다.

확률이 들어간 문제는 대개 기대 빈도를 명시할 때보다 쉽게 이해할 수 있다. 아이가 둘인 가족 4,000가구 중 하나를 무작위로 선택한다고 해 보자. 확률이 같은 모든 조합에 대하여 다음과 같은 빈도를 기대할 수 있다.

첫째 아이	둘째 아이	빈도
남	여	1,000
여	남	1,000
남	남	1,000
여	여	1,000

알베르트는 두 아이가 남－여인 모든 경우, 즉 1,000가지 경우에서 첫 번째 줄에 체크할 것이다.

알베르트는 두 아이가 남－남인 경우의 절반, 즉 500가지 경우에서도 첫 번째 줄에 체크할 것이다.

그러므로 첫 번째 줄에 체크하는 경우는 1,500가지이며, 그중 500가지 경우에서만 두 아이 모두 아들이다. 그러므로 아들만 둘일 가능성은 3분의 1이다.

[2]

틀렸다.

여기서 아름다운 역설이 등장한다. 이러한 종류의 문제는 바로 이 점 때문에 많은 분노와 반대 의견을 낳았다. 앞서 살펴보았듯 알베르트에게 아이가 둘일 확률은 3분의 1이다. 기자는 그저 알베르트가 설문지에 체크한 것만을 전달했을 뿐이다. 그러므로 만약 알베르트가 어떤 규칙에 따라 설문지에 체크했는지 독자들이 알았다면 아마 알베르트에게 아들이 둘일 확률이 3분의 1임을 추론했을 것이다. 그러나 아이가 딱 둘이고 큰아이가 아들인 모든 가족 중 무작위로 알베르트네를 선정했다고 가정했다면 독자는 이 기자가 말한 퍼즐에 따라 아들이 둘일 확률이 2분의 1이라고 생각할 것이다.

종합해 보면 모호성을 제거하기 위해서는 제시된 정보가 어떤 방식으로 주어졌는지 알아야 한다.

[3]

2분의 1이다.

베스가 큰아이를 머릿속에 떠올렸다면 작은아이도 딸일 확률은 2분의 1이다. 작은아이를 떠올렸을 때도 큰아이가 딸일 확률은 2분의 1이다. 그러므로 평균 확률 또한 2분의 1이다.

[4]

변하지 않는다. 가능한 3가지 경우(두 아이가 여여, 여남, 남여일 경우)의 확률이 여전히 같기 때문이다.

[5]

2분의 1이다.

놀랍게도 이 상황은 앞의 상황과 다른 답을 도출한다. 내가 이 질문을 100번 물어보았다고 해 보자. 앞선 50번의 경우 나는 '큰아이가 딸인가요?'라고 물었을 테고 두 아이 모두 딸인 25가지 경우에만 그렇다는 대답이 돌아왔을 것이다. 나머지 50번의 경우에서는 '작은아이가 딸인가요?'라고 물었을 테고 두 아이 모두 딸인 또 다른 25가지 경우에서만 그렇다는 대답이 돌아왔을 것이다. 그러므로 100번 가운데 50번만 두 아이 모두 딸이며 따라서 확률은 2분의 1이다.

090 짝수 연도에 태어난 여자아이일 확률은?

앞선 문제와 마찬가지로 이번에도 빈도를 살펴보자. 두 아이가 있는 가족 400가구를 무작위로 선정했다고 해 보자. 그렇다면 다음과 같은 빈도를 기대할 수 있다.

첫째 아이	둘째 아이	빈도
남	여	100
여	남	100
남	남	100
여	여	100

주어진 바에 따르면 아이가 짝수 연도에 태어날 확률과 홀수 연도에 태어날 확률은 같다. '여$_{홀}$'과 '여$_{짝}$'을 각각 홀수, 짝수 연도에 태어난 여자아이라고 한다면 다

음과 같이 쓸 수 있다.

첫째 아이	둘째 아이	빈도
남	여홀	50
남	여짝	50
여홀	남	50
여짝	남	50
남	남	100
여짝	여짝	25
여짝	여홀	25
여홀	여짝	25
여홀	여홀	25

여짝이 적어도 1명 이상 있는 가족은 모두 합쳐 50 + 50 + 25 + 25 + 25 = 175가구다. 이 중 75가구가 두 아이 모두 딸이다.

그러므로 두 아이 모두 딸이면서 그중 한 명이 여짝일 확률은 175분의 75, 즉 7분의 3, 약 43퍼센트다.

이제 화요일에 태어난 남자아이 문제를 풀어 보자. 어느 부부에게 화요일에 태어난 아들이 있다. 이를 바탕으로 여기서도 빈도표를 그릴 수 있다. 두 아이를 둔 가족 196가구를 무작위로 선정했다고 해 보자.(왜 이 숫자를 골랐는지는 차차 알게 될 것이다.) 이제 다음과 같은 빈도를 기대할 수 있다.

첫째 아이	둘째 아이	빈도
남	여	49
여	남	49
남	남	49
여	여	49

확률이 같은 각 조합의 빈도는 49다. '남$_{\text{화}}$'가 화요일에 태어난 남자아이고 '남$_{\text{N화}}$'가 화요일 이외의 요일에 태어난 남자아이라고 한다면 다음과 같이 표를 그릴 수 있다.

첫째 아이	둘째 아이	빈도
남$_{\text{화}}$	여	7
남$_{\text{N화}}$	여	42
여	남$_{\text{화}}$	7
여	남$_{\text{N화}}$	42
남$_{\text{화}}$	남$_{\text{화}}$	1
남$_{\text{N화}}$	남$_{\text{화}}$	6
남$_{\text{화}}$	남$_{\text{N화}}$	6
남$_{\text{N화}}$	남$_{\text{N화}}$	36
여	여	49

화요일에 태어난 남자아이를 둔 가족 수는 7 + 7 + 1 + 6 + 6 = 27가구다. 이 중 두 아이 모두 남자아이인 경우는 13가구이므로 아들이 둘이며 둘 중 하나가 화요일에 태어났을 확률은 27분의 13, 약 48퍼센트다.

지금까지 찾아낸 내용을 정리해 보자.

아이가 둘인 가족에서 '적어도 하나가 아들'이라면 모두 아들일 확률은 33퍼센트다.

아이가 둘인 가족에서 '적어도 하나가 짝수 연도에 태어난 아들'이라면 모두 아들일 확률은 43퍼센트다.

아이가 둘인 가족에서 '적어도 하나가 화요일에 태어난 아들'이라면 모두 아들일 확률은 48퍼센트로 높아진다.

아들에 대한 정보가 상세하게 주어질수록 이 가족에게 두 아들이 있을 확률은

50퍼센트에 가까워진다.

만일 질문에서 (적어도 하나의—옮긴이) 아들을 절대적으로 특정할 수 있을 만큼 충분한 정보가 주어진다면 아들만 둘일 확률은 정확히 50퍼센트일 것이다. 같은 맥락에서 만약 아들이 둘 중 큰아이(또는 작은아이)라고 명시된다면 이 아들을 절대적으로 특정할 수 있으므로 아들만 둘일 확률은 50퍼센트가 된다.

091 첫째 쌍둥이는 주로 몇 번째로 줄을 설까?

첫 번째 순서일 확률이 가장 높다. 쌍둥이 중 하나가 각 순서에 서게 될 확률은 일정하다. 그런데 쌍둥이 중 하나가 첫 번째 순서에 서 있다면 서 있는 사람은 무조건 첫째 쌍둥이일 테고 마지막 순서에 서 있다면 서 있는 사람은 무조건 둘째 쌍둥이일 것이다. 이제 계산을 해 보자. 트웨인 쌍둥이(T)와 또 다른 학생 한 명(O)까지 3명이 줄을 선다고 상상해 보자. 세 학생은 오른쪽에서 왼쪽까지 확률이 같은 3가지 방법으로 줄을 설 수 있다.

TTO

TOT

OTT

3가지 가운데 2가지 경우에서 첫째 쌍둥이가 맨 앞에 서 있으며, 1가지 경우에서 첫째 쌍둥이가 두 번째 자리에 서 있다.

쌍둥이 외에 2명이 더 있다면 이제 4명은 확률이 같은 6가지 방법으로 줄을 설 수 있다.

TTOO

TOTO

TOOT

OTTO

OOTT

OTOT

6가지 가운데 3가지 경우, 즉 2분의 1에서 첫째 쌍둥이가 맨 앞에 서 있으며, 6가지 가운데 2가지 경우, 즉 전체의 3분의 1에서 첫째 쌍둥이가 두 번째 자리에 서 있고, 6가지 가운데 1가지 경우에서 첫째 쌍둥이가 세 번째 자리에 서 있다. 다른 학생이 더 많아진다고 해도 첫째 쌍둥이가 설 확률이 가장 높은 순서는 언제나 첫 번째 순서임을 발견하게 될 것이다. 마찬가지로 둘째 쌍둥이는 가장 마지막 순서에 설 확률이 가장 높다.

(일반적으로 학생 n명이 있을 때 첫째 쌍둥이가 첫 번째 순서에 설 확률은 $n-1$을 1부터 $n-1$까지 합으로 나눈 값이다. 그러므로 학생이 30명이라면 첫째 쌍둥이가 첫 번째에 설 확률은 435분의 29다.)

092 평중최범의 범위가 5인 5개 숫자는?

정답은 (2, 5, 5, 6, 7)과 (3, 4, 5, 5, 8)이다.

어떻게 구하는 걸까? 우선 중앙값이 5라고 주어졌으므로 (X, X, 5, X, X)라는 값 하나를 구할 수 있다.

범위가 5라면 최댓값과 최솟값은 (0, 5), (1, 6), (2, 7), (3, 8), (4, 9), (5, 10) 가운데 하나다.

평균값을 따져 보면 이 중 몇 가지를 제외할 수 있다. 평균값이 5라면 모든 값을 더해 5로 나눈 값이 5와 같아야 한다는 의미이자 곧 모든 값을 더해 25가 된다는 뜻이다. 만약 최댓값, 최솟값이 (0, 5) 또는 (1, 6)이라면 모든 값의 합이 25보다 작을 수밖에 없다. 마찬가지로 최댓값, 최솟값이 (4, 9) 또는 (5, 10)이라면 모든 값의 합이 25보다 클 수밖에 없다. 그러므로 가능한 집합은 (2, X, 5, X, 7) 또는 (3, X, 5, X, 8)로 좁혀진다.

전자의 경우 두 미지수의 합은 11이 되어야 한다. 만약 미지수가 4와 7이라면 최빈값이 7이 되므로 두 수를 제외할 수 있다. 따라서 두 수는 5와 6이다.

후자의 경우 두 미지수의 합은 9가 되어야 한다. 만약 미지수가 3과 6이라면 최빈값이 3이 되므로 두 수를 제외할 수 있다. 따라서 두 수는 4와 5다.

093 통계도 거짓말을 할 수 있다고?

모든 중학생이 E를 받고 모든 고등학생이 C를 받던 학교라고 상상해 보자.

고등학교 전교생이 중학교 전교생보다 1명 많다면 중앙값은 C가 된다.

여기서 E를 받던 모든 학생의 성적이 D로 오르고 C를 받던 모든 학생의 성적이 B로 오르는데, D 이하를 받는 학생 2명이 중학교로 전학 온다면 모든 학생의 성적이 올라도 중앙값이 D로 내려갈 수 있다.

094 마라톤 대회에 참가한 사람은 모두 몇 명일까?

주어진 정보만을 이용한다면 251명이라고 추정하는 게 최선이다.

창밖을 내다보았을 때 당신은 마라톤 참가자가 최소 251명이라는 사실을 확인했다. 참가자가 딱 251명이라면 당신이 이 참가자를 볼 확률은 251분의 1이다. 참가자가 252명이라면 당신이 이 참가자를 볼 확률은 252분의 1로 약간 낮아진다. 그러므로 당신의 추측이 맞을 가능성을 가장 높이려면 참가자가 251명이라고 추정해야 한다.

물론 추가 정보가 있었다면 좀 더 타당한 추정을 내리는 데 도움이 되었을 것이다. 예컨대 라디오나 친구에게서 지역 마라톤 이야기를 들었거나 대회 주최 측이 보통 참가자 수를 짝수로 마감한다는 정보를 알고 있었다면 말이다. 그러나 이런 정보가 없다면 251명이 최선의 추측이다.

통계학자들은 이러한 추론법을 가리켜 '최우법'이라고 한다.

095 파이트 클럽에 가입하려면?

비스트, 마우스, 비스트 순서대로 가야 한다.

직관에 어긋나는 정답일지도 모른다. 비스트와 먼저 싸우는 편을 택한다면 더 강한 상대방과 2번이나 싸워야 하기 때문이다.

만약 1번만 이겨도 되는 상황이었다면 마우스와 먼저 싸우는 편을 택했을 것이다. 마우스가 더 약한 상대이자 당신보다 약할 수 있으므로 이길 가능성이 높기 때문이다.

마찬가지로 3번을 이겨야 하는 상황이었다면 가능한 한 많은 횟수를 이겨야 할 테니 가장 약한 마우스를 상대로 2번 이기고 비스트를 1번 이기는 전략을 택했을 것이다.

그러나 문제에서는 시합을 2번 연속으로 이길 확률을 최대한 높이라고 했다. 이 경우라면 강한 상대와 2번 싸우는 것이 가장 유리한 전략이다. 왜냐하면 2번 연속으로 이겨야 한다면 중간 시합을 반드시 이겨야 하기 때문이다. 그러므로 가장 이기기 쉬운 상대방과 중간 경기를 치러서 나머지 두 경기 중 1번이라도 강한 상대를 이길 기회를 확보하는 게 가장 좋은 전략이다.

주어진 숫자를 이용한다면 이를 더욱 명확하게 증명할 수 있다.

비스트를 이길 확률이 5분의 2고 마우스를 이길 확률이 10분의 9라면 다음과 같이 표를 그릴 수 있다. 각 순서에서 2번 연속 이길 수 있는 모든 조합의 확률을 각각 구한 다음 합한 것이다.

비스트	마우스	비스트	확률
승리	승리	승리	2/5×9/10×2/5=36/250
승리	승리	패배	2/5×9/10×3/5=54/250
패배	승리	승리	3/5×9/10×2/5=36/250
		계	126/250

마우스	비스트	마우스	확률
승리	승리	승리	9/10×2/5×9/10=81/250
승리	승리	패배	9/10×2/5×1/10=9/250
패배	승리	승리	1/10×2/5×9/10=9/250
		계	99/250

첫 번째 조합에서 확률의 총계는 250분의 126으로 절반을 약간 넘긴다. 그러므로 2번 연속 이기지 못할 확률보다는 이길 확률이 조금 더 크다. 두 번째 조합에서 확률의 총계는 절반 이하이므로 2번 연속으로 이기지 못할 가능성이 크다.

이 이야기의 교훈은 가장 많은 전투에서 이기는 것만이 전쟁에서 이기는 최선의 방법은 아니라는 점이다.

096 풀잎으로 커다란 매듭을 지으려면?

'1년 안에 짝을 만난다.'라는 말을 들을 가능성이 더 높다.

주먹 위에서 둘씩 매듭을 지었다면 이제 풀잎은 다음 페이지 그림과 같은 상태다.

고리 모양으로 이으려면 A는 B 이외의 다른 끝과 연결되어야 한다. 이는 5가지 중 4가지 선택지가 있다는 뜻이다. A가 다른 한끝, 예컨대 C와 연결되었다면 이제 B는 D를 제외한 다른 끝과 연결되어야 한다. 만약 D와 연결된다면 4가닥만으로 고리가 끝나기 때문이다. 이는 3가지 중 2가지 선택지가 있다는 뜻이다. B가 E와 연결되었다고 해 보자. 이는 곧 마지막 매듭이 F와 D여야만 한다는 뜻이다. 그러므로 고리가 만들어질 가능성은 $4/5 \times 2/3 = 8/15$로 절반 이상이다.

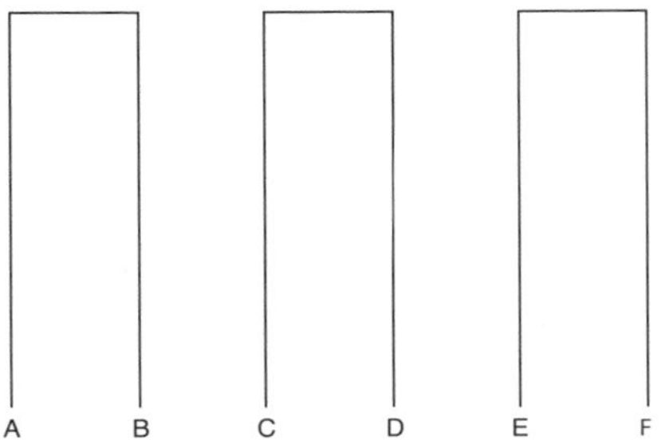

097 가장 큰 수가 적힌 종이를 선택하려면?

숫자 3개를 큰 것부터 순서대로 A, B, C라고 해 보자.(A 〉B 〉C)

가장 좋은 전략은 종이 2장을 뒤집는 것이다. 만약 두 번째 종이에 적힌 숫자가 첫 번째 종이에 적혀 있던 숫자보다 크다면 두 번째 종이를 선택한다. 반면 두 번째 종이에 적힌 숫자가 첫 번째 종이의 숫자보다 작다면 남아 있는 세 번째 종이를 선택한다. 이렇게 하면 가장 큰 수가 적힌 종이를 선택할 확률이 2분의 1로 늘어난다.

다음 페이지의 표에서도 같은 사실을 확인할 수 있다. 첫 번째로 선택한 종이를 종이 1, 두 번째를 종이 2라고 한다면 A, B, C의 순서는 같은 확률로 다음 6가지 경우로 나열될 수 있으며 각각의 경우에 따라 당신의 선택도 달라질 것이다. 이렇게 하면 6가지 가운데 3가지 경우에서 가장 큰 수를 선택할 수 있다.

종이 1	종이 2	종이 3	선택
A	B	C	C
A	C	B	B
B	A	C	A
B	C	A	A
C	A	B	A
C	B	A	B

종이가 단 2장일 때 풀이는 종이가 3장일 때 풀이와 비슷하다. 단, 이번에는 가상의 세 번째 종이에 적힐 숫자를 무작위로 정해야 한다. 하나씩 살펴보자.

종이 2장에 적힌 숫자를 큰 숫자부터 순서대로 A와 B라고 해 보자.(A 〉B)

첫 번째 종이를 뒤집는다. 이제 숫자 하나, 이를테면 N을 무작위로 정한다.

전략은 이렇다. 만약 첫 번째 종이에 적힌 숫자보다 N이 더 크다면 두 번째 종이를 택한다. 반면 첫 번째 종이에 적힌 숫자보다 N이 더 작다면 첫 번째 종이를 택한다.

숫자 N에 관해서는 3가지 가능성이 있다. 우선 N이 A와 B보다 클 수 있는데 이 경우라면 종이를 제대로 선택할 확률은 다음 표에서 볼 수 있듯 2분의 1이다.

N 〉A 〉B

종이 1	종이 2	선택
A	B	N 〉A이므로 B
B	A	N 〉B이므로 A

또는 A와 B보다 N이 더 작을 수도 있는데 이 경우라도 종이를 제대로 선택할 확률은 2분의 1이다.

A 〉B 〉N

종이 1	종이 2	선택
A	B	N 〈 A이므로 A
B	A	N 〈 B이므로 B

그러나 만약 N이 A와 B 사이라면 이 전략으로 매번 종이를 제대로 선택할 수 있다.

A 〉N 〉B

종이 1	종이 2	선택
A	B	N 〈 A이므로 A
B	A	N 〉 B이므로 A

무작위로 선택한 숫자 N이 A와 B 사이일 가능성이 아주 없지만 않다면 종이를 제대로 선택할 확률은 2분의 1보다 높다. 또한 N으로 정한 수보다 조금 작거나 큰 수가 있을 것이고 그 수가 A와 B일 수 있기 때문에 N이 A와 B 사이일 가능성은 반드시 존재한다.

만약 같은 문제에서 종이가 3장보다 많은 경우라면 초반 37퍼센트에 해당하는 종이들은 넘겨 버리고 그다음부터 앞서 본 수들보다 큰 수가 나오는 순간 그 종이를 선택하는 전략이 정답이다. 37퍼센트는 e분의 1 값이며, e는 자연로그의 밑이고 그 값은 소수점 세 자리까지 2.718이다. 이를 증명하려면 너무 복잡해지기 때문에 안타깝지만 여기에는 싣지 않겠다.

098 죄수가 사면될 확률은 얼마나 될까?

두 사람 모두 틀렸다. A가 사면될 확률은 여전히 3분의 1이지만 C가 사면될 확률은 3분의 2로 늘어난다.

문제 첫머리에서 교도소장이 죄수 1명을 무작위로 선택하여 사면한다고 되어 있다. 이는 곧 죄수들이 사면될 확률이 각각 3분의 1이라는 뜻이다.

교도소장이 A에게 B가 처형되리라는 소식을 전했을 때도 A가 사면될 확률은 여전히 3분의 1이다. 교도소장이 어느 죄수를 사면하기로 결정하든 A에게 다른 죄수 이름을 말해 줄 수 있기 때문이다. 그가 B의 이름을 말했다는 사실은 A의 운명에 관해서는 아무런 유용한 정보도 되지 못한다.

하지만 A가 사면될 확률은 여전히 3분의 1인 반면 사면되지 않을 확률은 3분의 2다. 다시 말해 B 또는 C가 사면될 확률이 3분의 2라는 뜻이다. 그러나 B가 사면된다는 조건이 주어졌으므로 이에 따라 C가 사면될 확률이 3분의 2가 된다.

099 몬티 콰당 문제에서 당신의 선택은?

바꾸는 것이 유리하지 않다. 자동차가 1번 문 뒤에 있을 확률과 3번 문 뒤에 있을 확률은 모두 2분의 1이다.

같은 확률로 일어날 수 있는 모든 결과를 표로 그린 뒤, 당신이 선택을 고수하거나 바꿀 때 어떤 일이 일어나는지 살펴보자. 우선 당신은 1번 문을 선택했다. 자동차가 있을지도 모르는 나머지 두 문 중 어느 문에라도 몬티 홀이 넘어질 수 있기 때문에 6가지 경우가 같은 확률로 일어날 수 있다.

가능한 모든 결과를 따져 보려면 몬티 홀이 넘어져 어느 문을 열었을 때 문틈 사이로 자동차가 보이는 경우를 포함해야 한다. 다음 페이지 표에서는 이 상황을 기호 (*)로 표시했다. 하지만 문제에서 문이 열렸을 때 염소가 보였다고 했으므로 계산할 때에는 이 경우들을 제외한다.

표에서 확인해 보면 몬티 홀이 넘어져서 염소가 있는 문을 열어 버렸을 때 참가자가 선택을 고수해서 승리하는 경우는 넷 중 둘이고 선택을 바꿔서 승리하는 경우도 넷 중 둘이다. 다시 말하면 선택을 바꿔도 유리해지지 않는다.

자동차가 있는 문	몬티 홀이 열어 버린 문	고수할 경우	바꿀 경우
1	2	승리	패배
1	3	승리	패배
2	2	*	*
2	3	패배	승리
3	2	패배	승리
3	3	*	*

몬티 홀이 어느 문을 어떻게 여는지가 이 문제의 핵심이다. 기존 문제에서 그는 자동차가 어디에 있는지 알고 있고 문을 여는 목적은 염소를 보여 주기 위함이었다. 이러한 배경 덕분에 선택을 바꾸는 편이 유리했다. 그러나 몬티 콰당 문제에서는 그가 실수로 열어 버린 문에서 우연히 염소가 나왔을 뿐이다. 올바른 확률을 구하려면 그가 실수로 문을 열었을 때 우연히 자동차가 나왔을 가능성까지 모두 포함해서 따져 보아야 한다.

100 러시안 룰렛으로 살아남기?

총알이 바로 옆 약실에 들어 있다면 탄창을 돌리지 않는 편이 낫다. 총알이 바로 옆 약실에 들어 있지 않다면 탄창을 돌리는 편이 낫다.

탄창에는 약실이 총 6개 있다. 이를 1번, 2번, 3번, 4번, 5번, 6번 약실이라고 하자.

우선 바로 옆 약실에 총알이 있는 경우다. 예를 들어 총알이 1번과 2번에 들었다고 해 보자. 탄창을 회전시켰을 때 텅 빈 약실이 총신에 맞춰질 확률은 6분의 4다. 여기서 만약 탄창을 1번 더 회전시켰을 때 다시 텅 빈 약실이 걸릴 확률은 6분의

4 또는 66퍼센트다. 그러나 탄창을 회전시키지 않고 그대로 간다면 순서는 이제 다음 약실로 넘어가고 3번, 4번, 5번, 6번 약실이 4번, 5번, 6번, 1번 약실 자리로 이동한다. 4개 약실 중 3개 약실에 총알이 없으므로 생존 확률은 75퍼센트다. 즉 그대로 가는 편이 유리하다.

이번에는 바로 옆 약실에 총알이 없는 경우다. 예를 들어 총알이 1번과 4번에 들었다고 해 보자. 탄창을 돌리지 않는다면 2번, 3번, 5번, 6번 약실이 3번, 4번, 6번, 1번 약실 자리로 이동한다. 약실 4개 중에서 총알이 없는 약실은 2개에 불과하므로 생존 확률은 50퍼센트다. 탄창을 회전시킬 때의 생존 확률이 66퍼센트이므로 돌리는 편이 유리하다.

퍼즐 목록과 출처

다음은 이 책에 실린 퍼즐의 출처다. 이 중에는 책, 잡지, 홈페이지도 있고 내 동료들도 있으며 몇몇은 원래 출처가 아니기도 하다. 퍼즐의 기원을 정확하게 찾기 어려울 때가 종종 있기 때문이다. 원전이 알려져 있다면 데이비드 싱마스터의 방대하고 완전한《유희 수학 원전》(Sources in Recreational Mathematics)에서 대부분 찾아볼 수 있다. 내가 거의 매일 참고했던 이 책은 인터넷에서도 쉽게 구해 볼 수 있다. 원저작자를 밝히기 위해 가능한 한 모든 노력을 다했음을 알린다.

제1장 퍼즐 동물원: 동물 퀴즈

- **맛보기 문제 1 숫자 수수께끼**

1. Ian Stewart, *Professor Stewart's Hoard of Mathematical Treasures*, Profile Books, 2009.
2. Martin Gardner, *The Unexpected Hanging and Other Mathematical Diversions*,

University of Chicago Press, 1969.

3. Boris A. Kordemsky, *The Moscow Puzzles*, Dover Publications, 1992.

4~6. Nobuyuki Yoshigahara, *Puzzles 101*, A. K. Peters/CRC Press, 2004.

1. The Three Rabbits. Traditional.
2. Dead or Alive. *The Family Friend*, 1849.
3. Good Neighbours. Des MacHale and Paul Sloane, *Hall of Fame Lateral Thinking Puzzles*, Sterling, 2011.
4. A Fertile Family. Based on an idea from www.bio.miami.edu/hare/scary.html
5. A Bunch of Hops. Ron Knott, www.maths.surrey.ac.uk/hosted-sites/R.Knott/Fibonacci/fibpuzzles.html.
6. Crossing the Desert. Adapted from Pierre Berloquin, *The Garden of the Sphinx*, Barnes & Noble, 1996.
7. Save the Antelope. Adapted from Pierre Berloquin, *The Garden of the Sphinx*, Barnes & Noble, 1996.
8. The Thirteen Camels. David Singmaster, *Sources in Recreational Mathematics*, South Bank University, 1991.
9. Camel vs Horse. Traditional.
10. The Zig-zagging Fly. Traditional.
11. The Ants on a Stick. Told to me by Rob Eastaway. www.robeastaway.com
12. The Snail on the Elastic Band. Martin Gardner, *Time Travel and Other Mathematical Bewilderments*, W. H. Freeman, 1988.
13. Animals that Turn Heads. Kobon Fujimura, *The Tokyo Puzzles*, Frederick Muller, 1979. Nobuyuki Yoshigahara, *Puzzles 101*, A. K. Peters/CRC Press, 2004.
14. Banishing Bugs From the Bed. Peter Winkler, *Mathematical Mind-Benders*, A. K. Peters/CRC Press, 2007.
15. The Dumb Parrot. Yuri B Chernyak and Robert M Rose, *The Chicken from Minsk*,

Basic Books, 1995.
16. Chameleon Carousel. Question first posed in the International Tournament of the Towns, 1984.
17. The Spider and the Fly. Henry Ernest Dudeney, *536 Curious Problems & Puzzles*, Barnes & Noble, 1995.
18. The Meerkat in the Mirror. First told to me by Carlos Vinuesa.
19. Catch the Cat. First told to me by Charlie Gilderdale.
20. Man Spites Dog. Des MacHale and Paul Sloane, *Hall of Fame Lateral Thinking Puzzles*, Sterling, 2011.
21. The Germ Jar. Naoki Inaba, 'Numberplay' column, *New York Times*.
22. The Fox and the Duck. Martin Gardner, *Mathematical Carnival*, The Mathematical Association of America, 1989.
23. The Logical Lions. Derrick Niederman, *Math Puzzles for the Clever Mind*, Puzzlewright Press, 2013.
24. Two Pigs in a Box. Steven E. Landsburg, *Can You Outsmart an Economist*, Mariner Books, 2018.
25. Ten Rats and One Thousand Bottles. First heard on the YouTube channel *PBS Infinite Series*.

제2장 저는 수학자입니다, 여기서 내보내 주세요: 생존 문제

- **맛보기 문제 2 까다로운 격자**

1, 2. Carlos D'Andrea, University of Barcelona.
3. www.wesolveproblems.org.uk
4~6. Daniel Finkel, www.mathforlove.com

26. Fire Island. Richard Wiseman's *Friday Puzzle*. https://richardwiseman.wordpress.com/2012/07/02/6488/
27. The Broken Steering Wheel. Adapted from Rob Eastaway and David Wells, *100 Maddening, Mindbending Puzzles*, Portico, 2018.
28. Walk the Plank. Adapted from Henry Dudeney, *536 Curious Problems & Puzzles*, Barnes & Noble, 1995.
29. The Three Boxes. Adapted from Raymond Smullyan, *What is the Name of this Book?*, Dover Publications, 1978.
30. Safe Passage. Simon Singh, *The Code Book*, Fourth Estate, 1999.
31. Crack the Code. https://puzzling.stackexchange.com/questions/46871/crack-thelock-code.
32. Guess the Password. 'Technical Problems', from MIT's *The Tech*, April 17, 2005.
33. The Spinning Switches. Peter Winkler, *Mathematical Puzzles, A Connoisseur's Collection*, A. K. Peters/CRC Press, 2004.
34. Protect the Safe. Pierre Berloquin, *The Garden of the Sphinx*, Barnes & Noble, 1996.
35. The Secret Number. Steven E. Landsburg, *Can You Outsmart an Economist?*, Mariner Books, 2018.
36. Removing the Handcuffs. Marin Gardner, *Mathematics, Magic and Mystery*, Dover Publications, 1956.
37. The Reversible Trousers. Martin Gardner, *Sixth Book of Mathematical Diversions from Scientific American*, University of Chicago Press, 1984.
38. Mega Area Maze, By Naoki Inaba.
39. Arrow Maze. *Mathematical Olympiads 1999-2000: Problems and Solutions from Around the World*, Mathematical Association of America, 2002.
40. The Twenty-Four Guards. Adapted from Raymond Smullyan, *What is the Name of this Book?*, Dover Publications, 1978.

41. The Two Envelopes. *Futility Closet*, 2009, https://www.futilitycloset.com/2009/08/05/royal-pain/
42. The Missing Number. Peter Winkler, *Mathematical Puzzles, A Connoisseur's Collection*, A. K. Peters/CRC Press, 2004.
43. The One Hundred Challenge. Rob Eastaway and David Wells, *100 Maddening, Mindbending Puzzles*, Portico, 2018.
44. The Fork in the Road. Martin Gardner, *My Best Mathematical and Logic Puzzles*, Dover Publications, 1994.
45. Bish and Bosh. The Fork in the Road. Martin Gardner, *My Best Mathematical and Logic Puzzles*, Dover Publications, 1994.
46. The Last Request. Raymond Smullyan, *The Riddle of Scheherazade*, A. A. Knopf, 1997.
47. The Red and Blue Hats. 'Mathematics in Education and Industry', *Maths Item of the Month*, August 2010. https://mei.org.uk/month_item_10#aug
48. The Majority Report. Peter Winkler, *Mathematical Puzzles, A Connoisseur's Collection*, A. K. Peters/CRC Press, 2004.
49. The Room with the Lamp. Peter Winkler, *Mathematical Puzzles, A Connoisseur's Collection*, A. K. Peters/CRC Press, 2004.
50. The One Hundred Drawers. Peter Winkler, *Mathematical Mind-Benders*, A. K. Peters/CRC Press, 2007.

제3장 케이크와 큐브와 구두 수선공의 칼: 기하학 문제

• 맛보기 문제 3 왁자지껄 수수께끼

1. Traditional.

2. Raymond Smullyan.

3~10. Adapted from *Hall of Fame Lateral Thinking Puzzles*, by Sloane and Mac-Hale, Sterling, 2011.

51. The Box of Calissons. Guy David and Carlos Tomei, 'The Problem of the Calissons', *The American Mathematical Monthly*, vol. 96, 1989.

52. The Nibbled Cake. Source unknown.

53. Cake for Five. Source unknown.

54. Share the Doughnut. https://www.mathsisfun.com/puzzles/horace-and-the-doughnut.html

55. A Star is Born. Edward B. Burger, *Making Up Your Own Mind*, Princeton University Press, 2018.

56. Squaring the Rectangle. A version appears in the *Wakoku Chie-Kurabe*, 1727, and repeated by many other authors since then.

57. The Sedan Chair. *Mathematical Puzzles of Sam Loyd*, Dover, 1959.

58. From Spade to Heart. *Mathematical Puzzles of Sam Loyd*, Dover, 1959.

59. The Broken Vase. Pierre Berloquin, *The Garden of the Sphinx*, Barnes & Noble, 1996.

60. Squaring the Square. Derrick Niederman, *Math Puzzles for the Clever Mind*, Puzzlewright Press, 2013.

61. Mrs Perkins's Quilt. Henry Ernest Dudeney, *Amusements in Mathematics*, 1917.

62. The Sphinx and Other Reptiles. Author's own.

63. Alain's Amazing Animals. http://en.tessellations-nicolas.com

64. The Overlapping Squares. Pierre Berloquin, *The Garden of the Sphinx*, Barnes & Noble, 1996.

65. The Cut-Up Triangle. Nobuyuki Yoshigahara, *Puzzles 101*, A. K. Peters/CRC Press, 2004.

66. Catriona's Arbelos. Catriona Shearer. https://twitter.com/cshearer41
67. Catriona's Cross. Catriona Shearer. https://twitter.com/cshearer41
68. Cube Angle. Kobon Fujimura, *The Tokyo Puzzles*, Frederick Muller, 1979.
69. The Menger Slice. As told to me by George Hart. https://www.georgehart.com
70. The Peculiar Peg. Martin Gardner, *The Second Scientific American Book of Mathematical Puzzles and Diversions*, University of Chicago Press, 1961.
71. The Two Pyramids. Peter Winkler, *Mathematical Puzzles*, A Connoisseur's Collection, AK Peters, 2004.
72. The Rod and the String. *Trends in International Mathematics and Science Study*, 1995.
73. What Colour is the Beard? Author's own.
74. Around the World in 18 Days. Jules Verne, *Around the World in Eighty Days*, 1873.
75. A Whisky Problem. http://mathforum.org/wagon/2014/p1191.html

제4장 잠 못 이루는 밤과 형제자매 라이벌: 확률 퍼즐

- **맛보기 문제 4 봉가드 퍼즐**

Sample: Bongard Problem 6 by Mikhail Bongard.
1. Bongard Problem 40 by Mikhail Bongard.
2. Bongard Problem 44 by Mikhail Bongard.
3. Bongard Problem 29 by Mikhail Bongard.
4. Bongard Problem 180 by Harry Foundalis.

76. Better Than Half a Chance. Edward B Burger, *Making Up Your Own Mind*,

Princeton University Press, 2018.
77. Single White Pebble. Unknown source.
78. The Joy of Socks. Raymond Smullyan, *What is the Name of this Book?*, Dover Publications, 1978.
79. Loose Change. *Half a Century of Pythagoras Magazine*, The Mathematical Association of America, 2015.
80. The Sack of Spuds. *Half a Century of Pythagoras Magazine*, The Mathematical Association of America, 2015.
81. The Bags of Sweets. Peter Winkler, *Mathematical Mind-Benders*, A. K. Peters/CRC Press, 2007.
82. A Strategy for the Displacement of Improper Thoughts. Lewis Carroll, *Pillow Problems*, Dover Publications, 1958.
83. Bertrand's Box Paradox. Joseph Bertrand, *Calcul des probabilités*, 1889.
84. The Dice Man Diet. Steven E. Landsburg, *Can You Outsmart an Economist*, Mariner Books, 2018.
85. Die! Die! Die! Peter Winkler, *Mathematical Puzzles: A Connoisseur's Collection*, A. K. Peters/CRC Press, 2004.
86. The Phoney Flips. Author's own.
87. Just Four Kids. *Futility Closet*, 2013, https://www.futilitycloset.com/2013/11/10/brood-war/
88. The Big Family. Author's own.
89. Problems With Siblings. Michael and Thomas Starbird.
90. The Girl Born in an Even Year. Author's own.
91. The Twynne Twins. Martin Gardner, *Wheels, Life and Other Mathematical Amusements*, W. H. Freeman, 1983.
92. A Jab of MMMR. Adapted from *NRICH* https://nrich.maths.org/11281
93. Lies and Statistics. Adapted from Steven E. Landsburg, *Can You Outsmart an*

Economist?, Mariner Books, 2018.

94. The Loneliness of the Long-Distance Runner. Steven E. Landsburg, *Can You Outsmart an Economist?*, Mariner Books, 2018.
95. The Fight Club. Frederick Mosteller, *Fifty Challenging Problems in Probability*, Dover Publications, 1987.
96. Tying the Grass and Tying the Knot. Martin Gardner, *Sixth Book of Mathematical Diversions from Scientific American*, University of Chicago Press, 1984.
97. The Three Slips of Paper. Martin Gardner, *My Best Mathematical and Logic Puzzles*, Dover Publications, 1994.
98. The Three Prisoners. Martin Gardner, *The Second Scientific American Book of Mathematical Puzzles and Diversions*, University of Chicago Press, 1961.
99. The Monty Fall Problem. Jason Rosenhouse, *The Monty Hall Problem*, Oxford University Press, 2009.
100. Russian Roulette. William Poundstone, *How Would You move Mount Fuji?*, Little Brown, 2003.

감사의 말

우선 〈가디언〉에 연재 중인 퍼즐 칼럼을 읽어 주시는 독자 여러분께 감사의 마음을 전한다. 2015년 5월부터 격주로 퍼즐을 소개하면서 독자 여러분의 열정, 제안, (유용한!) 현학 덕분에 늘 새롭고 흥미로운 퍼즐들을 연구하며 부지런히 살 수 있었다.

책의 내용에 도움을 주신 수학계와 퍼즐학계의 동료들에게도 감사드린다. 카를로스 단드레아, 롭 이스타웨이, 타냐 호바노바, 맥스 메이븐, 아드리안 파엔자, 사이먼 팜페나, 베르나르도 레카만, 애덤 루빈, 스티브 셀빈, 크리스 스미스, 카를로스 비누에사가 많은 도움을 주었다.

이 책에 자신의 창작 문제를 신도록 허락해 준 에릭 앤절리니, 댄 핀켈, 스콧 킴, 리 샐로스, 톰과 마이클 스타버드 형제에게 감사하다. 제한적 글쓰기 작품을 싣게 허락해 준 더그 누퍼와 마이크 키스에게도 감사하다. 스콧 킴의 퍼즐을 표지에 실을 수 있어서 영광이었다. 앰비그램에 관심이 있는 독자들에게 수많은 문제와 예시가 담긴 그의 홈페이지를 추천한다.(www.scottkim.com) 이 책에 작품을 싣게 허락해 준 테셀레이션 작가 알랭 니콜라에게도 감사하다. 그의 홈페이지에서 더 많은 놀라운 작품들을 볼 수 있다.(en.tessellations-nicolas.com) 또한 기하학 퍼즐을 제작한 카트리나 시어러에게도 감사하다. 더 많은 퍼즐은 그녀의 트위터(@Cshearer41)에서 볼 수 있다.

조르주 페렉에 관한 글은 나의 아버지이자 페렉의 자서전 작가, 번역가였으며 울리포(OuLipo)의 전문가였던 데이비드 벨로스의 자취를 따라 썼다. 제한적 글쓰기에 관해서는 아버지의 프린스턴 대학교 동료 학자인 조슈아 카츠의 책《교묘한 연습》(Exercises in Wile)을 참고했다.

가디언 파버의 훌륭한 편집자 프레드 바티와 로라 해선은 퍼즐들 때문에 빙글빙글 돌아가는 머리를 부여잡고 멋진 책을 만들어 주었다. 인쇄 담당 케이트 워드, 디자인 담당 피트 에드링턴, 제작 담당 잭 머피, 출판 담당 조지 스미스와도 함께 일할 수 있어 즐거웠다.

이언 피츠제럴드는 훌륭한 솜씨로 출판의 복잡한 과정을 관리해 주었다. 앤드리 요핸슨이 완벽한 수학적 삽화를 그려 주었고, 사이먼 런드레인이 각 장의 맨 앞에 완벽한 일러스트를 그려 주었다. 내 글은 벤 섬너의 아주 세밀한 교열 덕분에 전과 비교할 수 없이 좋아졌으며 리처드 카의 디자인과 조판 덕분에 훨씬 보기 좋아졌다.

늘 그렇듯 잰클로 앤 네즈빗의 리베카 카터와 그녀의 동료 키어스티 고든, 엘리스 헤이즐그로브가 나를 어느 누구보다 사려 깊게 배려해 주었다.

내용을 검토해 준 식견 넓고 통찰력 깊은 콜린 베버리지와 모세스 클

라인에게도 감사하다.

마지막으로 나를 응원해 주고 기다려 주고 케이크를 구워 준 나탈리에게 감사를 전한다.